弱連結

—99% 的成功機會都來自路人—

高 永／著

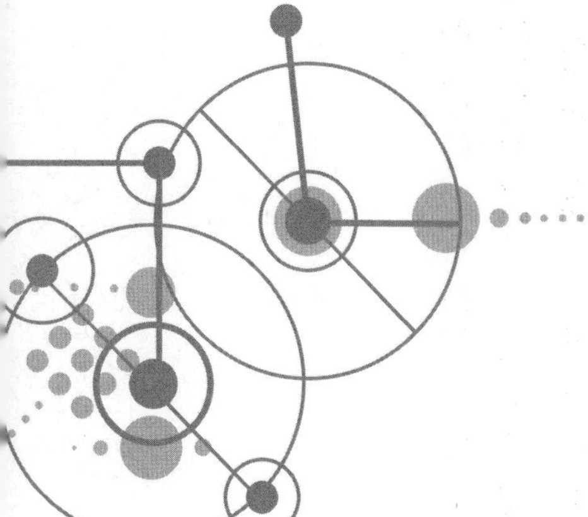

suncolor
三采文化

序 Preface

資訊時代的社交紅利

在可見的未來，「關係」仍然是一門重要的資訊傳播學。當然，關係不僅是機會和資訊的流動，它還代表著我們對這個世界的認識和努力。人們在因為關係而成功的同時也產生一些困惑：什麼樣的關係是有益的？我該如何投資，又該怎樣經營自己的人際關係呢？

多少年來，人們對關係的理解驚人地一致。有一句話始終很受大眾的推崇：「一個人能否成功，不在於你知道什麼（what you know），而是在於你認識誰（whom you know）。」認識的人越多，好像就離成功越近。為了成功，每個人都在想盡一切辦法經營社交，認識更多的人，並把這些人納入自己的關係網，精心維護。

本書會用事實告訴你：**這個觀點是錯誤的**。至少對大部分人來說，他們並沒有因為自己擁有許多高層次的強關係而獲得了可預見的成功。也許互相瞭解和來往頻繁的強關係可以為你搭建一個奮鬥的基礎，提供充分的資訊、經驗和資金，但它同時也會給你的未來限定一個邊界。真正決定我們命運的，恰恰是邊界外的機會。

一九七三年，著名社會學家、史丹佛大學教授馬克·格蘭諾維特（Mark

Granovetter）發表了論文〈弱關係的力量〉。他針對居住在波士頓近郊的經理、技術人員和其他的專業人才如何找工作，進行了細緻的研究。透過訪問發現，在100個人之中有54個人的工作是透過個人關係找到的，而非徵人廣告。毫無疑問，這個結果向我們表明了關係是如此重要！沒人會否定這個結論，但格蘭諾維特說：「事實遠非如此！」

人們都認為關係比履歷更有價值，特別是當兩份履歷沒什麼明顯差距時，有關係的人在競爭中的優勢更加明顯。但格蘭諾維特在調查中發現，真正發揮作用的關係並不是人們想像中的經常見面、彼此熟悉的「強關係」，而是平時很少聯絡的「弱關係」，即所謂的「路人」。

在依靠關係找到工作的群體中，只有16.7％的人能經常見到工作的介紹人，他們每週見兩次面；55.6％的人只能和介紹人偶爾見一面，另外27.8％的人，甚至一年都見不到介紹人一次。就是這些相對陌生的關係，幫助他們找到了滿意的工作。

在這裡，「靠什麼關係」成了一個有趣的問題。格蘭諾維特因此得出結論：「大多數你真正用到的關係，是那些並不經常見面的人。他們未必是什麼大人物，也許是不怎麼聯絡的老同學、老同事、某次聚會有一面之緣的人，甚至是你根本不怎麼認識的人。他們有一個共同特點——都不在你現在的社交網內，卻在某些重要時刻提供了關鍵的幫助。」

他關注的是在求職過程的起點上，關係所發揮的作用：「人們如何獲得工作資訊，特別是優質工作的寶貴機遇？」研究事實表明，由平時極為密切的家人、好友組成的強關係，此時發揮的作用是非常有限的，他們未能在這時提供更多的資訊。反倒是那些由很久沒有來往的前同事、同學或者有數面之緣的人組成的弱關係——人們社交網中的邊緣關係給了重要的線索。

格蘭諾維特的觀點對後來的就業市場產生了深遠的影響，人們開始重新審視自己的社交理念。每個人都有需要一份好工作的時候，為何平日精心維護的強關係在這麼重要的時刻失效了？這是因為在由強關係構成的社交網中，人和人的相似度較高，收入、階層、視野和想法都很接近，很可能每天都在做著類似的事情，彼此擁有的資訊是重複的，傳播的範圍也受到社交網的局限。你不知道哪兒有更好的工作機會，他們往往也不清楚。

弱關係則不同。由於弱關係通常是你固有的社交網之外或處於邊緣位置的人，他們能夠為你提供新鮮的資訊，你們之間的連結經過了比較長的社會距離——也許會有數個樞紐和中間人，把不同的社交網連接起來，為你打開了一個連接外面世界的通道，你就能獲悉一些「自己不知道的事情」，包括某個高薪資的職位。或許碰巧對方有一個朋友就是這家公司的人力資源主管。

透過對求職——這件極其普遍之事的分析，我們可以發現弱關係的一些基本特點：

一、相對於強關係，弱關係並不是我們生活中最熟絡的人，他不在我們親朋好友的通訊錄上，你也不會記得他的生日，聯絡強度很低。

二、相對於強關係，弱關係是我們人生中更為關鍵的力量，可以為我們提供一些稀有資源和實用資訊。他不是熟人，和你不親近，卻是一個合適的人。

從強關係到弱關係

亞伯特－拉茲洛．巴拉巴西（Albert-László Barabási）是《連結：網路新科學》（Linked: The new science of networks）作者，他對人際網路的特點進行研究。亞伯特認為，人們的社會關係網路是一種符合冪律分布的網路——他稱之為「無尺度網路」。他說：「互聯網、細胞內的蛋白質連結、人和人之間的性關係、細胞內新陳代謝網路等都是無尺度網路。」無尺度網路突破了強關係，使一個人作為「中心點」可以隨時連結到任何地方。在亞伯特的無尺度關係模型中，無限的弱關係戰勝了有限的強關係。

亞伯特認為，這個關係網絡呈現出五個特徵：

一、**六度分隔理論**

任何2個不認識的人之間都可以建立聯繫，最多只需經過6個人的傳遞。

二、中心點和輻射式連接

我們作為這個網路的中心點，對外分別擁有強連結和弱連結兩種形式；前者屬於近中心區的強關係，後者是邊緣區域的弱關係。

三、符合冪律分布原則：80／20法則

即二八法則。關係網絡中，20％的節點建立了整個網路80％的連接，其他80％的節點占有了20％的連接。

四、強者愈強（富者愈富）

亞伯特的無尺度網路對於「優先原則」和「增長原則」給予無限制滿足，越早加入網路的連接，增長就越快。當你擁有更多的連接節點時，就有更多的機會獲得更多的連接，進而無限擴展下去。顯然，這是有邊界的強關係社交網做不到的。

五、勝者通吃

在第四特徵的推動下，一個優秀的節點必然能夠脫穎而出（擁有最強的弱關係庫的人），占有和支配最多的資源，達到勝者通吃的效果。

哈佛大學的人際關係學教授傑．普利對我說：「越是簡單的思想，影響就越深遠，傳遞和輻射也就越快，現實作用也就越強大。」作為對格蘭諾維特思想的補充和延伸，亞伯特的無尺度網路理論出版後沒幾年，就被超過兩千五百篇論文引用過。這充分表現了弱連結的理論，透過本書，亞伯特與兩千多名學者建立了弱關係，雖然他們可能沒有見過面。

從強關係到弱關係，我們跨越的是傳統熟人社會的邊界束縛，擺脫的是階級限制，跳出自己固有的社交網；重視弱關係的拓展，擁有的便是機會無限的世界。弱關係的關鍵不在於你擁有多麼高品質的社交網，也不在於你處於何種等級的階層，而是你能夠接觸和連接到多少這個社交網之外的人。

太熟沒用？至少有些研究得出的資料證實了這一現象。二〇一〇年，3個美國人做了一項「電話通訊調查」，他們獲得了二〇〇五年八月分整個英國的電話通訊紀錄，這是一個龐大的資料庫。透過電話通訊，可以建立一個可見的社交網路，再結合每個電話連接區域的經濟狀況，他們從這些資料中發現，經濟收入越高的地區，其社交交往（電話聯絡）的多樣性就越明顯。

越是富人，就越容易跟不同階層和不同地區的人聯絡。收入較差的地區和群體的聯絡特徵則比較單一，固定在一個「穩定的社交網」內。富人認識的人比窮人多，但他們並不只是認識富人。

通話時間的長短也是一個有趣的現象，富人打電話的時間短，窮人打電話的時間長。當然這是相對而言，但平均值顯示了這一特徵。富人喜歡跟各種人聯繫，不過，大多數都是弱連結。

這個結果產生了一個問題：到底是因為富人的財富、地位，才使他們獲得了連結的多樣性，還是連結的多樣性幫助他們創造了財富和地位呢？就像哈佛大學的學生問我的：「我們的社交網路與財富的關係是什麼？」我經常聽到類似的困惑，還有對自己缺乏過硬的強關係的抱怨。

人們在仰望成功時閃出的第一個念頭，總是諸如對「沒有親戚、貴人幫幫我」的失望和沮喪。但是事實已經冷漠地告訴你，我們所認識的絕大多數人其實都不是強關係，真正依靠強關係來取得事業突破的人只是少數。

如果你讓自己所認識的每一個人提供一個工作資訊，有極大的概率會產生這個結果：所有的強關係提供的資訊都是你早就知道的，只有某個弱關係提供的資訊是你不知道的，而且它最有用。我建議你做一次這個實驗，它會用結果告訴你，並且幫助你理解什麼是弱關係。

因此，我們在本書中探討的並不只是如何拓展關係，弱關係理論的本質不是「人際公關學」，而是「資訊傳遞學」。透過本書，我們要學習和掌握最有效率的交流，特別是跟那些自己並不熟悉的聯絡人。

本書為誰而寫

現在，我們生活中大量地使用手機，每個人都是互聯網社交中的一個活躍分子。透過網路，我們可以連結到世界各地的任何一個陌生人，並透過這種方式加固自己的強關係。但在大多數時候，我們仍然沒有意識到弱關係所攜帶的高價值資訊。**人們的雙腳邁進了以弱連結為主的資訊社會，大腦卻繼續停留在熟人社會**。

在本書中，我希望與讀者一起開啟一段奇妙的旅程——從一個全新的視角看待自己的人際關係——從熟人社會跳出來，關注那些隱藏在身邊卻又被忽視許久的關係。他們在你的生活中出現得不是那麼頻繁，但卻十分重要。

究竟是哪些人，在人生的關鍵點改變了你的前進方向？弱關係是如何影響我們的職業選擇、事業的發展和感情生活？透過本書，你會找到答案。我們不僅能從中重新認識關係的本質，還能拓寬自己的人際視野，掌握新的、強大的資訊管道。

目錄
CONTENT

序　資訊時代的社交紅利　2

part 01 有效人際關係──為什麼你真正用到的不到1%
・為何你總是不能與機會偶遇　14
・關係的核心：傳遞的資訊　23
・弱關係的本質：提供你不知道的資訊　28
總結：路人往往能給你最佳機會　31

part 02 習慣忽視偶然資訊──為什麼能幫助你的往往是路人
・沒被在意的偶然資訊　36
・如何才能跳出「不信任」的心理誤區？　46
・人們習慣了忽視「潛在價值」　50
・弱關係：資訊集合的強傳播　52
總結：弱連結往往可以帶給我們希望　53

part 03 熟人無用時代──誰會成為你最好的合夥人
・資訊時代，強關係無法讓你過得更好　58

・精英社交關係網=愚昧的封閉 65
・當你「與世隔絕」，問題就來了 71
總結：弱連結帶來最好的合夥人 78

part 04
需要人際關係，更需要資訊——如何獲得自己不知道的資訊
・弱關係承擔了多數的資訊傳播 82
・傳達關注，而不是「轉發」 91
・好奇心、直覺和個性 97
總結：弱關係，不需要刻意維護 103

part 05
低成本和高效能——如何快速找到能幫助你的那個人
・是誰給了你優質的工作機會 108
・制訂社交聯絡的「細節策略」 121
・最大的誤區是「口才決定一切」 130
總結：從尋找樞紐到充當樞紐 131

part 06
挖掘需求交集——如何建構弱關係資訊網
・主動連絡他人的人也會被別人連絡 134

・利用互聯網技術精確傳達資訊 143
・創造「流動性」的弱連結 145
總結：挖掘自己與別人的「需求交集」 160

part 07
弱關係實踐指南——如何快速擴大人際關係價值鏈
・借助強關係，拓展弱連結的規模 164
・組合「拼圖碎片」，發揮「競爭力」 176
・不高估金錢的作用 181
・「分別滿足」，而不是「等價滿足」 193
總結：弱連結的隨機法則 200

part 08
弱關係中的行銷學——資訊時代，如何引爆社交強能量
・一傳十、十傳百的口碑風暴 204
・如何用弱連結擴大行銷網路 213
・弱關係中的「強市場」 221
總結：用弱關係建立最佳商業模式 226

附錄
經營「弱連結」的30條黃金定律 229

Part 01

有效人際關係

為什麼你真正用到的不到 1%

為何你總是不能與機會偶遇

沒有人不喜歡「經營關係」，我們已進入了一個「投資關係」的時代——數十年前就已經開始了。我們每天給各種人打電話，發訊息，參加飯局，邀請聚會，結伴出遊；我們記下新朋友的電話，製作聯絡人卡片，在社交平臺互加好友，定期留言，分享資訊。我們願意擴大人際關係的規模，願意加強雙方的互動，哪怕是最成功的企業家也會抽出大量時間做這項工作。

人們在關係的建設上花費這麼大的精力，只是為了讓自己不那麼孤獨嗎？顯然不是。從大學畢業後，你要找一份工作，還可能計畫尋找合夥人創業，找客戶資源，或者找人瞭解資訊。這時候，你所依賴的就是關係。在有需要時，看看有誰能幫上忙，但是結果往往讓我們失望。

每當需要一份工作和一個好客戶時，我們滿懷期待地翻開通訊錄查找半天，又會眉頭緊鎖地把它放下。

這時，很多人都會產生一個疑問：「為什麼平時勾肩搭背的熟人們反而沒有作用？」對於這個問題，我在二十二歲時就有了一些顛覆性的認識。二〇〇一年，我拿到了工商管理的碩士學位，準備找一份自己擅長的工作大展身手——當然也必須是自己感興趣的。我的方向是互聯網行業。

不幸的是，互聯網泡沫就在那一年的年初破滅了。理想還沒開始，就被當頭澆了一盆冰水。這還意味著我之前苦心積累的產業知識、就業資訊和漂亮的履歷，都變成了一堆垃圾；很多常識被否定了，很多企業關門了，很多資訊正被迅速更新，我需要從頭開始，另尋出路。

我的第一份工作就是在這種背景下獲得的。從上海回家後，親戚朋友都很關心我的就業情況，大家七嘴八舌、出謀劃策，提供各種各樣的資訊。每個大學生都會經歷這樣的場景——你的工作和婚姻是自己熟人關係網的大事，如果你願意，總會有人指給你一個方向，然後安慰你：「追求不要太高，先試試看？」這就是強關係的價值，它既和你共用資訊，也能為你提供一個必要的「精神港灣」。

兩個月後，我的姑媽從天津打來電話，她非常關心我這位「高材生」的前途，告訴我天津一家進出口公司正在徵人，職位是物流管理。這是我很不喜歡的工作，但這也是我當時在自己的熟人關係網內能找到的最好機會。除非我是比爾・蓋茲，有個在華盛頓大學當董事的母親和身為知名律師事務所老闆的父親，否則我們大部分人的熟人關係網都是這種情況——為了找到一份喜愛的工作，你需要對親友、朋友發布資訊，請他們代為留意，或者乾脆自己拿著一份精心包裝的履歷到處搏殺。

物流管理的工作十分乏味，但對心態積極的人來說，任何工作都絕不是一無是處的。這個職位的最大好處便是可以遇到形形色色的人，他們來自天南地北，不同的國家，不同的行業，只要他們的產品需要在港口下船，委託我們進行中轉運輸，都要經過我所在的部門，我就是那個負責物流分配的角色。這讓我獲得了大量的弱關係，並有機會和他們建立有效的聯絡。

工作三個月後，我在一個國外客戶那裡認識了一個駐中國辦事處的公關主管安菲克（Anfeeco）。這個人是在美國出生的華裔，最近被派到天津處理一批重要貨物，他的任務是疏通各個環節的關係，包括物流。

我們見第一面時沒說幾句話，客氣地寒暄，互相留了名片。幾天後的第二次見面則聊得多了些，聽說我本來想去互聯網公司發展，他透露了一個消息：「我認識一個人，他所在的上海公司正需要一名懂管理，並且對互聯網感興趣的市場人才。我個人認為這個職位很有意思，你需要他的聯絡方式嗎？」

這不是一個最好的機會，但也相當不賴。於是，我第二天就登上了去上海的火車，並在一週後辦理了離職手續。在上海三年的工作經歷，為我後來的事業打下了堅實的基礎。這個機會是由一位只見過兩面的人介紹給我的。

我相信很多人的工作都是由這種途徑獲得——透過熟人的介紹去了某個單位，這份工作你不太喜歡，但已經是大家能夠幫你找到的最好平臺了。不過你在單位沒有混吃等死，而是一邊工作一邊拓展人際關係，然後你從某個剛認識的人那裡聽說了一個新的工作機會，這個機會讓你心跳加速，因為那正是你想要的。

安菲克幫我介紹了一份優質的工作，但後來，我們之間的聯絡並沒有因此變得熱絡起來，甚至幾個月都不會打一次電話，不過每逢元旦、春節和生日時，都會準時收到對方的賀卡。有時我們也會在社交平臺上留言，內容都是一些簡短的禮節性問候。對我來說，安菲克和我的連結就是一種非常典型的弱關係。透過這件事，我開始認真地思考關係的不同價值，並且總結了兩個原則。

第一，在事業上，永遠不要指望熟人關係網。

我把它稱為「熟人無用」原則。這個原則並非基於功利的目的，不是說因為熟人幫不上忙，就不要理會他們。恰恰相反，我們自己首先要去除對待熟人關係網的功利心態，不要期望從強關係那裡獲得事業上的重大幫助。因為現實就是，從工作或商業化的角度來看，**強關係能夠提供給你的大部分都是弱價值**。

你可以請求熟人介紹戀愛對象，解決婚姻問題，疏導心理危機，但在事業上，以熟人為主的強關係發揮的作用是微乎其微。社會學研究早就證明，同鄉會和校友連絡簿等強關係平臺並不是擴展人際關係的好地方，雖然人們熱衷於此。因為在強關係的社交網裡，你們所掌握的資訊是趨同的，你們的社會網路也具有較強的同質性。

第二，對陌生人好一點，因為邊界之外決定你的未來。

在熟人和陌生人之間，存在一個富有彈性的邊界，社交的目的就是盡力將邊界往外推，讓它的空間越來越大，吸納的資訊越來越多。所以我會對人們說：「一個人不僅要善待熟人，還要善待自己遇到的陌生人。這個世界上任何陌生人，都可能在下一秒成為你生命中的弱關係。」沒有人知道會發生什麼，唯一確定的就是，社交網的邊界之外才決定著我們的未來。

誰會給你真正的機會

但大多數人是做不到第二點的。他們也有一些「合情合理」的疑慮：

一、我如何防止被利用——潛意識中只相信已經建立互信的強關係。

二、我怎麼判斷這是不是無效投資——仍然從投機的角度看待關係，將它視為簡單的投機學。

具體來說，我們在工作中的客戶關係，哪怕是一些微不足道的小人物，要不要給他們留下好印象？有時候，正是某個你連電話號碼都沒記住的人，在不經意間透露了一些關鍵的資訊，這條資訊解決了你正面臨的問題，甚至會改變你的命運。

你有沒有遇到類似的情況？

在格蘭諾維特看來，與強關係相比，弱關係更加社會化和商業化。前者在本質上是基於情感的連結：宗族、近親、友情、愛情等等以情感為基礎的關係，組成了我們的熟人社會，這些強關係天生具有封閉的特點，它對一個人的社會化和拓展商業資訊，提供不了太大的幫助。弱關係則是完全社會化和商業化的，它源於你的固有關係網之外，可能是任何一個人，可能是任何一種身分。

從傳統上看，中國社會顯然仍是一個強關係社會。雖然互聯網社交已風行十幾年，但在現實中，你仍然能夠強烈地感覺到，足夠強的「強關係」——老同學、朋友、親友關係等，這些仍是過硬的武器，至少在觀念上是如此。中國人不停地建設強關係，雖然它讓一個人的人際關係越來越封閉。

可是，為了取得更大的成功，你要掌握足夠多的「資訊」。熟人關係網提供不了無限的資訊，很難幫你搞到一些關鍵的電話號碼。比如最簡單的求職，你和你的親友絞盡腦汁，也找不到阿里巴巴人力資源部主管的私人電話，對嗎？你所有強關係的通訊錄中都沒有這個號碼，網上也沒有公開的資訊。

你有幾個月的時間都在思考，這是一個難比登天的目標，因為你的熟人中沒有一個人能和阿里巴巴扯上關係。但是突然有一天，你發現自己的某個微博好友——你們每年的聯絡不超過五次——發了一張照片，是他和那位主管的私人合影。

於是，問題解決了。

很多事情最後都會發展到「從強連結跳向弱連結」，並最終得以解決的局面——苦心經營的熟人關係網愛莫能助，但平時未用心關注的陌生人，或者很一般的關係解決了你的問題。類似的事情每個人都經歷過，並且每天都在發生。

比如你在微博的好友，就是典型的弱關係；這個平臺上的人，你認識多少？有多少進行過深度交流？幾乎99％的人都會不假思索地回答：「沒怎麼交流過！」但實際上，很多時候他們提供了熟人無法提供的機會，甚至包括一個重要的電話。

從這一點來看，強關係的本質是基於現實生活的情感連結，再加上生活內容的分享；而弱關係更多的是一種價值與資訊的輸出平臺。弱關係的平臺越廣，你獲取資訊的能力就越強。

為什麼孤陋寡聞的偏偏是你

深圳的A君為某公司奉獻了七年光陰，任勞任怨。最近公司突然出現嚴重的財務問題，從出現徵兆到破產不到半個月，A君也失業了。讓他感到奇怪的是，許多同事似乎早就得到了消息，不少人提前三個月就跳槽了，只有他傻乎乎地埋頭幹活，對此一無所知。

聽聽那些早早離開的人怎麼說：

「我聽銀行的人說公司的貸款快還不了了。」

「我認識一個人，他對公司的內情十分清楚。」

「我同學的一個朋友無意中提醒了我。」

「我有個微信好友恰好是客戶公司總裁辦公室的人，從他那裡得到的資訊。」

這些「關鍵提醒」均來自不是太熟的關係，A君在這方面則沒有消息來源。他說：「我的社交網歌舞昇平，資訊大同小異。每次談及工作，我的同事、親友都在說公司好的一面，沒有真實的資訊來源。而我是一個社交比較封閉的人，我不太喜歡跟陌生人交流，也不太相信他們，因此即使有人在幾個月前提醒了，我也沒在意。」

強關係讓我們變得孤陋寡聞。因為很多人願意跟陌生人傾訴，跟熟人卻很難做到。我們會把一些掌握的有價資訊分享給陌生人，或者那些不太熟的關係。最有價值的祕密往往不告訴熟人，這是人際關係的常見現象。我們對身邊的人很警惕，生怕他們知道一些祕密。所以，生活在熟人關係網中的人雖然很快樂，但他的眼睛和耳朵卻被遮蔽了。

在這種情況下，不注重開發弱關係的人，等於主動把自己關在了資訊通道的門外。就像A君，他是一個忠誠的好人，但他未必能獲得及時的幫助。

誰給你的資訊最重要

對公司的情況進行不定期評價時，A君從強關係那裡得到的資訊為何偏離了真相呢？我們從心理上樂於接收和分享強關係的資訊，但它所提供的價值卻並不如微不足道的弱關係。A君沒有得到預警，他的同事卻從某些人的口中聽到了風聲。

想想看，現實中，你是透過什麼管道得到「新知識」的？

在各種社交媒體上，我們經常閱讀和轉發來自於不同人的推薦資訊，你認為是親密好友的推薦更有用，還是弱關係的推薦更有用呢？在需要做出重要決定時，你更信賴熟人的意見和建議，還是一個弱關係的陌生資訊呢？

二〇一二年，Facebook的一個團隊針對這個問題做了一次調查。研究人員先分析了人們跟不同關係之間的聯絡強弱。比如人們在社交平臺上經常互相引用、轉發和評論對方資訊的頻率，如果頻繁聯絡，就是強關係，否則就是弱關係。調查團隊統計了人們在Facebook上分享的那些消息，得出了結論：人們更相信、更樂意轉發強關係分享的資訊。

調查發起人總結：「在任何一件事上，人們都親疏有別。統計發現，如果強關係發給人們一條資訊，被轉發的概率大約是弱關係發過來的資訊的2倍。這是因為強關係之間本來就有相似的興趣。人們出於相近的價值觀、興趣和職業才彼此走得很近，成為熟人關係網中的一員。」

也就是說，物以類聚，人以群分。人們在生活中更依賴於強關係提供的資訊，這個局面的形成是基於「志趣相投」的本性。但是，這也讓人們的社交網變成了一個個孤島。由於共同的興趣和思維方式，強關係告訴你的資訊，你自己也可以看到；但弱關係提供的有用資訊，如果他沒告訴你或者你毫不在意，你就發現不了。

關係的核心：傳遞的資訊

研究者發現，人們在工作和生活中已嚴重誤解了關係的本質。例如，多數人努力擴充通訊錄，記下更多人的電話，增加人際關係庫的數量，把越來越多的人變成熟人，但他們並未從中受益，反而空耗精力。

這是為什麼？

原因在於：**關係並非決定我們未來的核心元素，關係所傳達的資訊才是**。一個人的人際關係豐富，朋友遍天下，只能說明他是個人緣很好的人，未必可以從龐大的人際關係中獲得更高價值的資訊。簡而言之，朋友的數量多，不代表可以提供的幫助也多。

深諳關係本質的人，會把大多數工作時間花在與弱關係打交道上。他們擁有一套獨立的關係判斷原則——**關係不是一場數量遊戲，而是一個和資訊有關的系統**。我們拓展人際關係的目的不是多交朋友，而是獲得更有幫助的資訊。

所以，強關係雖然穩定和牢固，是我們的人際基礎，但強關係之外的弱關係可能擁有一些稀有資訊。在資訊的取得方面，弱關係擁有更高的傳播效率，以及更多元的管道。

社交網的關鍵是資訊品質

不論社交網有多大，你都會無奈地發現，自己與親朋好友之間的交流仍會局限在一個很小的範圍內。你對這個很小的範圍瞭若指掌，但在這個範圍之外，你仍然感到相對陌生。我們對社交管理的精力有限，大腦本能地優先處理一個大小固定的區域，從中挑選、加工資訊並做出回應。

凡是強關係為我們提供的資訊，你會看到它大多數時候總是重疊和陳舊的。比如某一天中午，鄰居李先生興高采烈地跑到你的家中。「知道嗎？我們這棟樓昨天來了一個新鄰居！」他並不清楚，你在昨天已經從另一個鄰居趙先生的口中得知這個消息了。你的一位朋友興奮地打電話告訴你，北京居住證制度進行改革，申請流程大為簡化，但你已經在半小時前聽另一位朋友或親戚講過了。這就是強關係特有的「**資訊重疊**」。

我們與強關係待在一個共同的社交網裡，資訊大多數是互通的。朋友、鄰居和親戚所知道的，你八成也知道，或者有類似的管道可以搞到這些資訊。由此，強關係的數量便不再是決定資訊品質的關鍵因素，反而會經常產生過多的贅餘資訊，占用你大量的時間和精力。所以有人說：「我的交際範圍越來越廣，可除了讓我越來越累，耗費我大把的時間，對我沒什麼幫助！」

提升社交網所能給予的資訊品質，是我們改善社交的關鍵，也是最主要的目標。與強關係相比，從弱關係——不常聯絡或從不聯絡的邊緣關係——那裡獲得的資訊往往是最新鮮的、從未聽說過的，且是至關重要的領域和稀有資源。這些資訊的價值更大，會給我們帶來更好的知識與經驗的擴充。

總的來說：

一、強關係加固了社交網內部的資訊流通，弱關係則建構起我們與外界溝通的橋梁。

二、弱關係可能掌握了我們不瞭解的情況，尤其是能與我們共用其他社交網的資訊。

三、不同的資訊透過弱連結傳遞給不同社交網的人，實現資訊的流通與分享。

弱關係有多廣，你的舞臺就有多大

弱關係低調地為我們提供更高的價值，但有時你可能走錯了方向，沒有意識到是哪一種關係決定事情的結果。有個調查顯示，那些由弱關係構成主要資訊網路的人或公司，他們的創新能力和發展空間，是那些指望強關係的人或公司的2倍甚至更多。弱關係連通了廣闊的世界，充分實現了六度人際關係理論的預言，從全世界的不同地方和不同的人身上獲得資訊的收益。

可以說，你的弱關係有多廣，舞臺就有多大。這就是和好朋友、親戚等等合作開公司，往往更加艱難，而和陌生人合夥則有更大的發展機遇的原因。因為一個陌生人帶來的，是相對於你的、比較豐富的弱關係，你們可以獲得各自資訊的共用，實現「1＋1＞2」的效果。

遇見困難時，弱關係也比強關係能提供更多的幫助。比如，互聯網平臺的微博、QQ、論壇等社交工具，都是一個「弱關係社區」，每個社區中都有大量互相不熟悉的陌生人，彼此間的身分只是單純的網友，來自不同的省分、城市甚至國家，現實中沒有見過面。當你需要幫助時——意見諮詢或經濟求助，通常會得到很多回覆，人們給你出主意，或者解囊相助。

「這是生活中的熟人辦不到的。」北京的小尹說。他遠離家鄉在北京做生意，是一位年輕的創業者。「生意起步時，我缺二十萬資金。銀行貸款條件不夠，家人和親戚都沒錢，大家聚在一起商議，卻拿不出好主意。後來，我在一個聊天群組說了這件事，有一位經常聊天的朋友為我介紹了另一個人，他是一家投資機構的經理，我用自己的商業計畫融到了這筆錢。」

弱關係為他解決了大問題。重要的是，弱關係拓寬了他的視野，讓他邁進了一個全新的世界，認識了更多的優質朋友。

「陌生人」等於更豐富的資訊。如果每一個陌生人都熱心給予你幫助，分享有效的資訊給你，你會接觸到許多專業人士。比如，種類繁多的電影正在上映，該看哪一部？除了朋友的推薦外，可以去閱讀微信、豆瓣之類的公共平臺上的評論，找到自己需要的資訊。你隨時能看到知名媒體人的影評，也能與他們溝通，最後做出判斷。

你也能透過弱關係連結到金融專業，解決企業所需資金，或聽取專業的意見。在這些我們所不熟悉的人給出的建議與討論中，能夠及時填補知識漏洞，使問題迎刃而解。

「抬頭不見低頭見」的關係等於「資訊匱乏」。我們和親人、密友等抬頭不見低頭見，但我們並沒有意識到，在許多領域內，他們無法提供具有促進作用的資訊。只見過幾面的陌生人反而打開了一扇全新世界的窗，帶來新鮮的資訊。

所以我們要意識到，**聯絡人的數量不是生產力，聯絡人提供的資訊才是**。要聰明地從弱關係裡汲取營養，利用龐大的弱關係作為資訊平臺，既為自己的生活、事業尋找好的機會，又能向外傳播自己的價值，進而走向成功。

弱關係的本質：提供你不知道的資訊

和強關係比起來，「弱關係」的能量是巨大的，它連接著外面的無限世界，具備無限的可能性，聚合起來的作用經常超過強關係，特別是會帶來一些我們並不知道的資訊，幫你創造「意外之喜」。

例如，小周是一名年薪八萬的上班族，他的社交網比較固定，有5∫8個好友，每週都有交流。這是他的強關係網，他們互相提供直接有效的幫助。但是突然有一天，小周的公司遇到了經濟危機，裁員三分之一。他失業了，需要一份新工作。他對未來有了更高的追求，希望找一份年薪十萬以上的工作。因為他工作經驗豐富，是這個行業內的稀缺人才。這時小周發現，所有的好友都無法解決問題。他們只有8個人，資訊來源很少；他們能提供的機會，都是和小周的上一份工作相仿的，沒有與他的需求相匹配的資訊，這就導致了他不能獲得有效的幫助。

小周無奈之下只好另想辦法。他聯絡了一位老同學——他們雖同在一個微信群組，但有三年沒聯絡了，他聽說這位老同學如今混得風生水起，就試著找他碰碰運氣。老同學說：「這好辦，我認識一個獵人頭的，讓他幫你。」就這樣，老同學把他的履歷遞給一家獵人頭公司的人，不到一週就為小周聯絡到了一家薪資水準令他滿意的新公司。

在一個穩定但小範圍的社交網裡，我們有時很難跳出社交網的固有限制——能夠交流分享的資訊是有限的。但是透過弱關係，就可以連接到其他社交網，那裡存在無數的可能性。比如，當你為自己所在的行業建立一個弱關係平臺後，就能隨時從上面找到工作問題的有效答案，解決任何一種工作難題，提升職業技能與職業價值。這不是我們的強關係可以辦得到的。

互相分享有效資訊

像論壇、QQ群組、微信群組等社交平臺，都是弱關係的一種。這樣的平臺總是有很多人，他們來自各個行業。人們互相分享資訊，解決各自的難題。重要的是，透過這些平臺，我們能學習、瞭解以前從不知道的東西，涉及陌生的領域，增長見識。

當你提出一個難題求解的時候，能得到幾十個甚至幾百個回覆，形成持續的高品質討論。其中一些回覆是從遠端、資深且專業的人那裡得到的，這比從熟人那裡獲得的消息更有效。在與人們的分享和交流中，我們開闊了思路，解決了現實中的種種問題。

連結到更優秀的人

生活中有很多「聰明人」，他們做什麼似乎都是一帆風順。在你看來非常困難的事情，他們輕鬆就解決了。聰明人一定有廣泛的人際關係嗎？答案是「未必」。以熟人為主的人際關係品質，並不能讓一個人變聰明。決定我們水準的也不是強關係本身的水準，而是我們自己的視野與學習的態度。

那麼，這些聰明人是如何對待社交的呢？他們的重心全放在了熟人身上嗎？當然不是。聰明人知道資訊分享的重要性——及時瞭解最新的資訊，才能保證自己不落於人後。因此，真正聰明的人會將眼光放到固有的關係網之外，他們不拒絕向優秀的人學習，而是努力從有可能接觸到的所有關係那裡瞭解這個世界，以正面的態度對待弱關係。

弱關係可以幫你連結到更優秀的人，就像小周，他透過老同學認識了此前非常陌生的職業獵人頭公司，改變了自己的職業生涯。在固有的強關係邊緣處，隱藏著大量的弱關係，他們之中的很多人都具備這種能力。除非你刻意地忽視，否則總能為你打開另一個社交網的大門，傳遞優質的資訊。

總結：路人往往能給你最佳機會

我們也可以將弱關係定義為「泛社交」的一種。「泛社交」是什麼？每個人都有許多泛泛之交——同事、網友、有一面之緣的陌生人等。在情感層面，這些關係不值一提，但我們每天卻有三分之一以上的時間與這些泛泛之交共同度過，至少是花費了不少時間在上面，而和熟人的交往時間可能不到五分之一。那些重要的熟人或親人，你可能每年只在重要節日時才能與其同聚。

一、與熟人相比，「泛社交」指那些在情感上「可有可無」的關係。數量多，但情感的重要性很低。

二、對於這種關係的大多數，我們沒有他們的電話號碼，只有一個微信號或QQ號，只會在寂寞無聊、打發時間時才有興趣與之交流。

三、以「泛社交」為代表的弱關係存在於我們社交網的邊緣，卻決定著我們的命運。可多數人沒有意識到這一點。

在本質上，他們屬於一種臨時性的社交關係。不需要寫進通訊錄，不需要在節日時送上祝福，我們甚至會忘掉他們的名字。但這樣的關係卻更容易打開彼此的心扉，互相提供有效的支援。在重要性上，弱關係有著強關係不具備的優勢。

強關係僅能以「一對一」的方式獲取資訊。在熟人關係網求人辦事，獲得資訊支援，方式總是「一對一」的。你要一個個地打電話、詢問，重要的事情還需要提著禮物登門拜訪。為了求得一個工作機會、打聽一件事或者借錢等重要的需求，你每次只能聯絡一個人，不可能一開始就在熟人關係網裡廣而告之。這種「一對一」的方式使我們解決問題的時間較長，效率也沒有保證。

弱關係可以用「一對多」及「多對多」的方式擴大自己的人際關係。在弱關係網絡，就不存在只能「一對一」的麻煩，而是可以「一對多」，並且實現「多對多」的溝通、分享和求助模式。

例如，你可以在微博發布消息，有相關資訊或管道的人看到之後就會找你；你也可以在群組向多人求助，組織即時的多人溝通。在弱關係網不存在熟人間的「面子問題」，求助是理所當然的，而你也能因此得到其他社交網的資源。

在北京工作剛兩年的徐小姐說：「有時候，我想知道中關村附近哪兒有比較大的超市，網路上也許沒有這方面的詳細資訊，我也不可能打電話給熟悉的朋友，他們在通州、朝陽或大興，愛莫能助。在通訊錄上，我不知道該問誰，但我可以在QQ或微信群組中得到答案。有人或許就住在附近，恰好經常去某家大型超市。」

「一對多」或「多對多」的資訊分享模式把我們的時間撥快了，大部分的問題都可以即時解決，或者在幾分鐘內就找到答案。

與強關係的封閉不同的是，弱關係的資訊是開放的，也是多元的，它相當於一部自動更新的資訊儲存晶片——透過它，你能連接整個世界。

弱關係的強價值，表現於「可以無限連結的強網路」。假如你的社交方式是這樣的：

——有一個類似「群組」的工具管理弱關係。

——群組本身具有行業、地點等特性，對自己的弱關係進行詳細的分類。

——群組是公共的，任何人都可以加入進來，分享的資訊也沒有限制。

那麼，這個關係網就實現了無限制的連結。你可以建一個職業討論群組，所有和你從事同一行業的人都能加入；你也可以建一個情感討論群組，任何有情感問題的普通人、專家，都能在同一個平臺上討論……諸如此類，它構成了一個特殊的社交網路，即：

——人們彼此之間不是熟人。

——人們無償或有償地分享資訊。

——人們將各自熟人關係網的資源接在一起，進行需求的交換。

這個網路的本質就是基於弱關係的，並且具有一些真正的用途。它使我們擁有了一個資訊的強傳播平臺，是開放的而非封閉的，是即時的且不需等待的。我們將在其中尋得好運，並在理論上獲得與世界上的任何一個人溝通的機會。

Part 02

習慣忽視偶然資訊

為什麼能幫助你的往往是路人

沒被在意的偶然資訊

有句話說：「只有平時做好準備的人，在機遇來臨的時候才能抓住它。多數人只是具備了發現機遇的眼睛，卻不擁有抓住機遇的態度。當機遇不期而至時，他們只能眼睜睜地看著機遇從指間溜走。」

人們重視關係，這是一個關係社會。美國總統的競選離不開關係，候選人和背後的財團四處公關；商務談判離不開關係，我們與客戶的合作與條件經常取決於雙方關係的好壞。一個人的事業發展、情感和家庭生活等也離不開關係，「多個朋友多條路」就是關係對人生有著重大影響的表現。

但是，人們對關係的理解又經常出現偏誤。過度重視強關係網的資訊，遇到問題時，把所有的希望都寄託在熟人關係網，對周邊的人提供的資訊視而不見。不是他們不想重視，而是多年來養成的習慣，使其並不把「不怎麼熟的人」伸過來的援手放在眼裡。

無限放大的「小價值」

有時候，正是這種「不怎麼熟的人」提供的資訊，在最後解決了大問題。弱關係就像一面神奇的放大鏡，它把每個人身上對於他人的「小價值」無限放大。這些資訊對擁有者而言沒什麼了不起的，分享一下不會損失什麼，但對求援者卻可能重如泰山。

隨著互聯網社交平臺的發展，「偶然資訊」的價值正在擴大。我們打開微信或者QQ，會發現簽名欄開始成為資訊發布的平臺——應徵、求職、交友或業務推廣等。例如某金融公司的某個職位出現了空缺，高級人才尋找分析師的職位，獨棟別墅出售，求學或買房等等。

這就是弱關係的力量——它並非對完全陌生的人發布資訊，而是可以借助一個我們有所聯繫的平臺為他人提供機會。對提供資訊的人來說，這不費什麼力氣，但對求助者來說，這是無價的，因為解決了很大的問題。

你覺得微不足道的舉手之勞，對別人來說可能是一次天賜良機。這是弱關係所提供的資訊的特點之一。

幾年前，我在中國國內的事業剛展開，公司迫切需要業務，但是問遍了所有的朋友，都不能快速地找到機會。眼看著十幾個人每天蹲在辦公室裡空耗時光，花錢如流水，公司卻無進帳，我和其他管理者都心急如焚。

後來我們開了一個會，決定再堅持一個禮拜，實在不行就暫時「各回各家」。為了節省成本，這是一個無奈的辦法。開完會的第二天是週末，我一個人去書店散心，來回轉悠了幾圈，沒買一本書。

這時我碰到了一位老先生，他正拿著一本收藏類的圖冊仔細翻看——這正是我比較擅長的領域，我也很感興趣，便駐足與他交談，討論圖冊中的一些照片。

正是這次偶然的交談，為公司帶來了轉機。老先生是北京一家收藏協會的會員，他告訴我，過幾天會有協會舉辦產品展覽，而他的一個好朋友正好是這次展覽的主辦單位。眾所周知，這樣的展覽總是蘊藏商機。這是一個讓人喜出望外的消息，最終也使我的事業避免了早早夭折的命運。

重視「偶然間得到的資訊」

也就是說，拯救我的正是偶然間得到的資訊，這勝過了我們十幾個人之前數月的努力。我們當時感慨道：「我們與親朋好友傾注熱血，勞神費力了這麼久，最後解決問題的卻是一位素昧平生的老先生，而這對他而言只是不值得感謝的舉手之勞。」

這表明，我們要重視一些過去極少正眼相待的邊緣關係。因為，與我們認識又非密友的人更能為你提供新的機遇。至少在某些情境中，這一論斷是正確的。

美國知名的專業社交網站 LinkedIn 的創辦人雷德．霍夫曼（Reid Hoffman）對此很有發言權。他創設的網站建立了專業人士之間的商業關係網絡，為各種人搭起了一個交換橋梁。他說：「人們可以透過建立關係來達到一定的目的，這種關係就是弱關係。舉例來說，鮑勃是辛蒂和佛雷德的朋友，而佛雷德認識喬和蜜雪兒，蜜雪兒又認識莎拉，然後莎拉在某件事情上幫了鮑勃，這就是弱關係的作用。」有些資訊不是必然屬於你的，一個偶然的時刻，你聽到、看到、得到了它，後面的事情就變得與眾不同了。

就是這麼奇妙。但有些人不重視、不在意這些不經意間得到的資訊，他們缺乏敏銳的眼光和分析能力。所以，當人們抱怨自己沒有機會時，也許並不值得同情。這些人的眼睛上始終蒙著一塊遮擋視線的布——他們看不見身邊的機遇，只因為這些機遇沒有儲存在他的固定社交網裡。

「近親」PK「遠鄰」

從全世界的範圍來看，人們都太重視近親而忽視遠鄰了。

不管是社交活動還是尋求商業夥伴，最有價值的交往主要分布在強關係的周邊，邊緣關係提供了大部分的工作機會與商業合約。在人際關係的拓展上，邊緣關係也承擔著向外擴充的任務。只要你願意向前看，有著積極的人生態度，你的關係網必然要不斷擴充，融入更多的資源。

但在現實中，人們依然更加依賴親屬關係——從心理、情感到實際行動，無不表現出這頑固的原則。中國人尤其如此，他們對周邊的人際空間的利用度較小，實際行動也並不如口頭上那麼重視。

打個比方，在構成一個人的社會資源的21個人中，親屬會占據7個，同學占了4個人，同事也占了4個人，而周邊的弱關係只有6個人。占比最大的是近親，他們有最大的話語權。中國一位社會學家評價這種現象時說：「中國人更依靠親戚、家人獲取社會資源，但對於本該更具有價值的社會關係網卻利用不足。從這個角度來看，中國社會的大量社會關係網絡雖然十分發達，卻處在無效和浪費的狀態，因為人們賦予了以血緣為主的關係網過重的角色和期望。」

他舉了一個典型的例子：家族企業。中國社會的家族企業十分盛行，多數民營公司在邁過初期的生存階段、發展壯大後，創辦人習慣性地引入家族關係協助管理公司，而不是尋求外界的合夥人或進行戰略融資。儘管新興的互聯網企業已經呈現出另一種特徵，但對其他領域的大部分創業者來說，親屬關係還是他們最重視的資源。

近親始終是構成中國人的關係網的核心，在關鍵層面上，弱關係被冷置了。造成這一局面的原因是什麼？

擺脫不開的「熟人社會」

中國人的關係基礎是「熟人社會」，這是由傳統的中國社會所決定的。在農耕社會中，宗族是社會組織的主要結構。一個人從出生後就處於一個大家族中，在血親、姻親和友情網路中，天生有一個固定的位置。

我是誰的兒女？

我是誰的姪子？

我是誰的童年玩伴？

這些關係非常清楚。以此為核心，熟人社會就像一張大網，多數人的一生都是在這張網中寫就的，所有的努力可能都是在擴充，或者完善這種以熟人為主的社會關係。在農耕社會中，這一關係形態當然是有利的，它可以帶來安全感，也能保證父輩資源的傳承。一個人長大後繼承父母留下的土地、生意，娶妻生子，延續家族的血脈，直到他死亡，再將自己積累的資源傳給下一代。這麼做沒有風險。

但當農耕社會被打破以後，中國人進入了商業社會，熟人社會的關聯式結構就不再適用了。可是，許多年輕人從熟人社會走出來，尚未完成再次「社會化」——接受新的環境，適應新的要求。

通俗地講，我們離開了熟人社會，但對以弱關係為主的新社交形態還沒有完全接受。至少相當一部分的人並未給自己一個恰當的定位，這是人們更相信強關係的原因。

另一方面的原因也非常重要，中國社會正面臨一個巨大的「人情荒漠」。這些年，社會上不斷出現的負面新聞讓人們不敢相信陌生人——即使是朋友介紹的陌生關係，也會保持足夠的警惕。

多數情況下，「陌生人」這個詞在中國人的心目中代表的是危險信號。

「不要接陌生號碼的電話！」

「不要相信不熟悉的人！」

「不要輕易向陌生人敞開心扉！」

「不要單獨與陌生人見面！」

……

我們耳邊充滿了這類警告。所以，與近親比起來，弱關係在許多人看來是不值得重視的；即便有些弱關係能給自己帶來極大的幫助，他們也將信將疑，以審視、懷疑的態度去接觸。有些機會在猶豫不決之時，很快就消失了。

「我不信任不熟悉的人」

前不久，中國社會科學院的下屬機構發表了一份名為《中國社會心態研究報告》的藍皮書。專題小組對北京、上海、鄭州、武漢、廣州等7個城市的數千名居民進行了詳細的訪問。結果顯示，人和人之間的信任度正在大幅下降，已跌破了60分的信任底線。超過70％的人不敢相信陌生人，只有不到20％的人表示願意相信陌生人。

具體表現在：

快遞和查水錶的人敲門時不敢開門。

去超市購物，習慣性地盯著秤量的數字，或者反覆檢查保存期限。

記不清自己多久時間沒去鄰居那裡串過門了，甚至有些社區的同一單位、同一樓的人對面不相識。

諸如此類，我們對「不熟悉的人」的警惕究竟到了什麼程度？有人這樣形容：「如果不是被門外嘈雜的噪音氣昏了頭，開門去質問，我根本不知道隔壁的鄰居早就換人了。新鄰居是六個月前搬來的。那一剎那，我覺得自己就像生活在一個喪屍世界，對鄰居的提防竟到了如此程度，以至於平時根本不相往來。」

法蘭西斯·福山是美國著名學者，他說：「信任是一切社會資本的基礎。」福山認為，不同的社會存在著不同的信任文化，有低信任文化和高信任文化之分。高信任文化必須超越血親關係，低信任文化則只存在於血親關係之中。

在高信任文化的社會中，不同社交網、不同地區的人都能夠相互信任，自發與密切地合作。這恰恰是弱關係被高度開發、利用的表現。

低信任環境

顯然，從福山的視角看來，中國還是一個「低信任度」的社會，存在的「低信任環境」使我們本能地更相信強關係而疏遠弱關係。這一點在許多學者的調查中也得到了證實，亞洲地區的社交文化，普遍顯示出親近熟人而警惕陌生人的特點。歐洲人和美國人擅長利用弱關係，與他們的社會是高信任文化有關；東方人則更喜歡利用強關係，因為我們的社會是低信任文化。

上海的楊先生做生意被朋友騙了六十萬。「我和他認識三個月，對他十分信任，也相信他介紹的客戶，但最後我才發現，這是徹頭徹尾的陷阱，到處是欺騙。我以後不會再相信外面的合夥人。」

正是因為有過受騙的經歷，楊先生對「弱關係」嗤之以鼻。東山再起時，他把生意交給了親戚打理。以血緣為基礎的近親讓他信任。不過，無論他們如何團結、努力，楊先生的事業始終停留在一個較低的層次，沒有發展起來。因為他的視野太狹窄了。

在「高信任環境」中，充分地利用弱關係，會增加我們向上流動的機會。但在低信任環境中，人們則是透過強關係尋找新機會，期待得到較豐厚的回報。強關係是中國社會連結起來的支柱，這無形中壓制了真正的社交資源——許多機遇被隱藏和荒廢了。

跳出心理誤區

我們需要克服對陌生人的不信任感，拉近從「陌生人」到「熟人」之間的距離。現實中，幾乎所有人都明白處理好外界人際關係的重要性，不能只在熟人間進行價值交換，要向外開拓陌生的區域。但是，基於根深蒂固的不信任，人們總是找不到有效的方法。

「我不相信那些戴著面具的人。」正像楊先生說的，人們有如此堅固的心理城牆，習慣用警惕的目光審視身邊的人和事。強烈的主觀色彩與狹窄的視野讓人陷入尷尬的境地：**我們需要弱關係，但又習慣性地拒絕與陌生人深度接觸**。

所以，選擇信任陌生人的人越來越少了。這個心理認知如同一粒生根發芽的種子，一旦種植在內心，就會茁壯而不受限制地成長。它會逐漸成長為一種屬於全社會的社交文化，就像我們在馬路上不敢幫助那些求助的路人一樣。

「誰知道他會不會騙我呢？」

拒絕陌生人，便直接掐斷了我們社交關係的延伸，越來越局限於自己的熟人關係網，在強關係中維持自己的價值。

如何才能跳出「不信任」的心理誤區？

崔先生是一名在北京工作的白領，他說：「近十年的工作生涯，讓我深感人際關係的微妙與重要。從普通的職員到現在的中層管理者，讓我獲益匪淺的不是名校的光環和強大的親屬後援團，不是高品質的朋友網，也不是人們常說的工作能力，而是為人處事時的信任與耐心。」

在他看來，一個人在工作中扮演著三種不同角色：同事、管理者和下屬。不同的身分，對於工作和人際關係的期望也不同，這就要求我們具有和各種人相處與交往的能力，而不只是待在一個熟悉的地方。

親人與好朋友構成的熟人關係網固然安全，但一直待在裡面會讓自己失去與這個精采的世界深度溝通的機會，錯過許多好機遇。

這些年來，崔先生努力工作的同時，也不斷地努力學會與不同的人交往。起初，他對職場中的社交懷有極大的敵意，因為總有朋友和親人告誡他：「不要輕易信任別人，他們會利用你！」這讓他在工作的前兩年小心翼翼，從而舉步維艱。他的臉上寫著「我很小心」和「我不相信你」，和同事、上司與客戶的關係都很一般，拓展業務時也處處碰壁，沒有多少機會。

「這種心理會讓你與別人產生許多誤解。有人說我自命清高，也有人怪我不通人情，畢竟人們願意與我結識，我卻大門緊閉。雖然在不信任的環境中會有許多紛爭與危險，但同時也存在彼此依靠和互相需要的微妙關係，而我需要面對和處理這些關係。一旦我能邁過這道坎，對事業會是有力的助推。」

崔先生想通這個問題，緣於一次工作失誤。老闆對一個業務下了死令，要求公司必須簽下訂單，但他卻搞砸了，客戶非常生氣，不準備與公司簽約。崔先生惴惴不安，這件事處理不好，他肯定會丟掉工作，捲鋪蓋走人。

這時伸手相助的，不是他一直以來信賴的親人和朋友，而是公司銷售部門一個「不起眼」的新人小馬。小馬剛到公司兩個月，工作十分賣力，任何事情都積極表現，但由於是新人，表現的機會很少。

看到崔先生在辦公室焦躁不安，小馬便主動過來詢問。得知事情的來龍去脈後，小馬自告奮勇，表示願意嘗試一下，他與那位客戶以前有過一面之緣。

不久，問題就解決了。崔先生發現，小馬其實是說了謊，他並不認識客戶，但他透過其他的管道打通了客戶的關係。沒有人知道小馬還有這本事，崔先生很幸運地得到了幫助。由於拿下了這個訂單，崔先生和小馬都得到了公司的表彰，兩個人在這件事情的合作中獲得了共贏。

崔先生說：「從那天開始，我反思了之前的社交態度，也總結了經驗。小馬在當時對我而言是弱關係，但他幫我度過了難關。如果不是他主動詢問，我真不知道公司竟然有人可以和那位客戶建立這麼特殊的關係，別人也不清楚。我想，我不能忽視任何一個人，哪怕他毫不起眼，因為山外有山，人外有人。」

要用正面的詞彙定義「弱關係」。錯信一個人的代價有時是慘重的，但從崔先生的經歷來看，收穫總是大於風險。問題在於，你將採用何種態度對待此事。如果想成為事業中的佼佼者，修得好人緣是關鍵。多交朋友，少樹敵人。這個道理我們都知道。但是，用積極正面的態度面對社交才是基礎。

在提到弱關係時，你想到的詞是什麼？是「風險」、「騙局」，還是「機遇」和「收穫」？社會魚龍混雜，但你首先要有一個陽光的態度。相信自己會從中受益，才能最終受益，運用弱關係為自己積攢無形的財富。

為自己的社交策略提前做好全面的規劃。儘早地對自己的人際關係與社交策略布局，而不是遇到問題時才發現自己「無人可用」。一份全面的規劃，意味著我們要把熟人、陌生人和所有的邊緣關係，納入統一的社交策略——每一個聯絡人和潛在的關係都是同等重要的，他們可提供自己需要的資訊。

當你全面地拓展關係，積極發掘各個領域、層級的社交時，若干年後，你將收到回報——一通電話、一個郵件就可以解決正令你棘手的問題，快速實現目標。

不再冷漠

在我們的社交策略中，欣賞和尊重不可缺位。人和人之間信任度的下降，多數時候不是社會的冷漠造成的，而是因為人們之間的交流變少，交流的方式也變得僵化、冷淡和互相提防。你無法改變大環境，但你可以改變自己。任何層面的溝通——現實中、網路上、商場上和生活中，表現出自己的熱情，提高與人交流的溫度。當你不再冷漠時，你會發現自己的社交效果很快就會提高。

從「不信任」到「信任」，別指望人們主動對你讓步，要先讓自己成為一個值得信任的人。不管是強關係還是弱關係，關係的本質是互相取暖。你不再冰冷，別人才會對你敞開胸懷。

人們習慣了忽視「潛在價值」

在《超級關係：弱連結法則所爆發的強大社群力量》（Superconnect: Harnessing the power of networks and the strength of weak links）一書中，作者理查·柯克（Richard Koch）透過大量的社會學實驗與自己的實證經驗，對社群與社交行為看似隨機無系統的互動與連結，進行了深度的剖析，為我們發現了其背後潛在的力量：「不是強連結在推動世界，而是弱連結使社群保持活力。」

這本書顛覆了傳統觀念中的「強關係」（我們既有的人際關係，比如親人、好朋友、好同事等）對人們「最為有用」的觀念，也反思了人類社會長期以來一些頑固的、錯誤的常識：

一、強關係才值得信賴——也許還帶來了嚴重的限制與障礙。

二、泛泛之交的弱關係毫無價值——但是卻會為我們帶來重要的知識、資訊或者創新的想法。

三、不穩定的關係沒有長期價值——但事實上，主要的人際關係如果長期不更新，反而會讓關係的價值弱化。

這三種錯誤常識在人類社會扎根已久，形成了小圈圈的文化，也讓人們習慣於生活在一個既有的社交網、社區或組織內，用一道無形的牆將我們與外部世界隔離開來。

人們不想走出去，對外面的精采也不以為意。正是這種習慣，讓許多人忽視了身邊的「潛在機會」。

潛在的知識與機會

應該如何對待弱關係？柯克在他的書中指出：「弱連結」的作用是巨大的，它將帶來寶貴的知識、機會與創新。與之對比，一般人倚賴最深的「強連結」反而是我們往前邁進的阻礙。

和過去的社會相比，資訊的傳播速度越快，弱關係的重要性就越突出。幾百年前或一千年以前，人類出行依靠馬車、步行，交往依靠信件，也沒有可以瀏覽即時新聞的工具。在封閉的社會形態下，強關係才是最牢靠的。

但現在不同了，電話、郵件和互聯網的出現，使我們能在任何時刻瞭解世界的每一個角落，我們不再必須依靠強關係接收、傳達資訊，而是有了無限可能——就像六度理論所言，原則上，你可以連結地球上的任何一個人，而且不超過6個節點。

在互聯網時代，弱關係蘊藏著無窮的知識與機會，它代表的是我們身邊這個圓之外的所有世界。誰能利用好弱關係，誰就能夠成為人際關係的強者，對自己的生活、事業產生巨大的推動。和很小的熟人關係網比起來，弱關係的連結向四方伸展，可以連結到任何一個人，獲知所有可能的資訊。

這就像一座橋梁，它從你這個點出發，通往相距遙遠、各自不同的社會角落，進入不同的領域，讓世界變得更小，讓你和其他人能互相看見，並瞭解各自的需求。理論上，世界上的每個角落都有你的人際關係，每個人都可以成為你的好友，具有非常大的價值。這些價值有的很明顯，有的則潛藏在不知名的地方，等待你的召喚。

在這個基礎上，你就能與人們進行潛在的價值交換，碰撞出奇妙的火花，而不是在熟人間重複那些「枯燥的遊戲」——你們彼此知悉一切，已經無法突破資訊的上限。

弱關係：資訊集合的強傳播

最後，我們看看弱關係是如何利用互聯網擴大資訊傳播。在網路時代，儘管一個人還是會將主要的注意力放到熟人的單一資訊上——轉發、分享與交流，但無數弱關係的集合卻已經承擔了大多數資訊的傳播職責。

在資訊的強傳播中，弱關係不是「一個人戰鬥」，而是共同作用。一種典型的現象就是「病毒行銷」，一個不起眼的資訊從某個陌生人那裡上傳到網路上，經過無數陌生人的分享，匯聚成一個轟動的網路事件，變成了大新聞。所以，一個微不足道的消息演變成強傳播，依託的正是弱關係。

例如，一個人有100個弱關係的好友和10個強關係的好友——作為熟人關係網成員的強關係總是數量稀少。假設你分享親密好友資訊的機率特別高，達到了50%（有一半的消息會被你轉發），但弱關係的機率則很低，僅為15%（你只分享特別感興趣的內容）。由此，雙方由你傳播出去的資訊數量，分別為 10×0.50=5 和 100×0.15=15。

強關係是5，弱關係則達到了15。這還僅是一個傳播點的情況，無數的人都以平均3：1的比例向外傳播資訊。最終，我們其實是從弱關係那裡得到了更多的資訊，而不是強關係。

總結：弱關係往往可以帶給我們希望

有一句話可以形容弱關係的價值：「美好的事情，總是在你不抱希望的時候閃亮登場。」無論是求職還是創業，大部分人都有過絕處逢生的經歷。

那時，一個人最渴望的是什麼呢？

第一，是機會；

第二，是人際關係。

為了獲得這兩樣東西，人們窮盡一切。越是在絕境中，你越會發現自己平時的人際關係積累是遠遠不夠的。你渴望有一個電話號碼可以打通，電話那頭的人可以「救你」。但越是著急的時候，我們現有的人際關係越不管用；反而是那些你不抱希望的人，在你失去信心時，弱關係總能派上用場，解決你的問題。

當你感覺自己很失敗時，想想下面的問題：

——除了無話不談的熟人之外，你還有其他朋友嗎？他們是做什麼的？

——在社交中你學到了什麼，為未來做了哪些準備？

——你如何從關係網獲取資訊，如何定位自己的價值？

——你如何保證別人來幫助你，而不是幫助你的對手？

最偉大的合作不是你用重金交換來的，是在你無所交換時，仍有人願意與你合作，不想看到你倒下。對泛泛之交不屑一顧的人，總是到山窮水盡時才明白這個道理，平時孤芳自賞、自我封閉，要到用人時才後悔沒有早結善緣。回答這四個問題，可以讓我們反省過去的五年，展望未來的五年。

為何有的人「命中多貴人」，而你沒有？為何有的人「電話一響，黃金萬兩」，而你的通訊錄中連一個能打的電話號碼都找不到？事實上，一個人的關係廣不廣、交際的品質高不高，不看平時，就看在他最困難乃至絕望之時，有沒有人會主動提供幫助，或者能不能找到一些熟人之外的關係。

根據調查顯示，人們口中的「貴人」，大多都不是自己熟人中的關係，而是來自固定的朋友網之外。我們研究世界範圍內成功者的案例，總是能看到一個共同的現象：他們都擅長結交各個領域的人際關係，是拓展弱關係的高手。在社交方面相對保守的人，大多是事業的守成者，很難成為開拓者。

你是不是在摔了很多跤以後，方知道分享才能讓你更成功？十年前，我認為競爭才能成功，但是十年後我明白，分享才是成功的法則。分享是關係學的本質，也是我們成功地連結這個世界的鑰匙。

從現在起：

——你要願意相信身邊的每一個人，包括素不相識或只有一面之緣的人。用信任換取信任，用信任和他們建立連結。

——你要公平對待強關係和弱關係，一視同仁，重視人們給予你的每一條資訊，而不是本能地只相信熟人提供的資源。

——你要能夠無私地分享，幫助更多的人，包括沒有什麼存在感的新人，善待那些即便「握握手就不再相見」的關係。因為不知道哪一天，你就需要他們的幫助。

Part 03

熟人無用時代

誰會成為你最好的合夥人

資訊時代，強關係無法讓你過得更好

只靠熟人打天下的人，為何不好好反思遇到瓶頸的原因？長期奮戰於艱苦環境中的人是否真正思考過，從第一份工作開始，自己數十年如一日，卻依舊像一頭推磨的驢一樣原地打轉，走不出腳下這個在十年前就規劃好的路，究竟是為什麼？

為何你的職業永遠被定在「一線業務員」？

為何你不能突破人為設置的發展瓶頸？

為何在公平的競爭中，你總是只能拿出一個蹩腳的方案，或者總是慢別人一步？

安逸地生活在熟人社會中的我們有足夠的安全感，卻為自己的上升空間設置了一個不可逾越的上限。熟人關係網創造的是一個溫暖的環境，不用對他們持有戒心，不用擔心有人算計你，也不用害怕得不到關心和支持。

但是，一位與谷歌公司有長期顧問合作的社交學家說：「正是強關係的這種特徵，讓熟人失去了助推我們飛得更高的可能性。」

他進而預言：**未來是「熟人無用」的時代**。熟人的功用將僅限於精神支持和心靈撫慰，人們所有的社交和事業資源，都將有賴於那些不怎麼熟的弱關係。意識不到這一點的人，無法理解自己的命運。

這麼多年來，你為什麼沒有得到升遷

這是一個具有廣泛共識的問題，也需要每個人反思。人們走出大學，找到工作，努力奮鬥了十年，結果回頭一看，相比出發時自己仍在原地踏步：收入沒有上漲多少，車房還在夢裡，存款少得可憐。重要的是，美好的未來遙遙無期。

那麼，你是否忽視了自身的因素而只在怨天尤人呢？

換個角度想一想，那些與你同年投入工作的人，現在有的是部門總監，有的是分公司主管，還有的自己創業當了老闆，而你還衝鋒在第一線，為什麼會這樣呢？是因為上天不給你機會、老闆看不到你的才華嗎？

張先生是濟南一家公司的業務經理，他在這個崗位上已經工作了八年，眼看當初與自己一起入職、參加培訓的同仁或高升，或跳槽去了更好的地方，他的屁股還是穩穩地坐在這張椅子上，而他自己對將來也沒有更好的打算。

提到這份工作，他無奈地說：「我沒有別的選擇，讀完大學在家閒了半年，本想到一線城市發展，可是感覺沒什麼好的機會，投了幾份履歷均杳無音信，多虧親戚幫忙，介紹我到公司面試，一幹就幹到今天。」

同樣的起點，為什麼別人發展得更好，自己卻像要老死在這個崗位上，收入也沒有增加多少？他認為，是別人的關係比他強。比如部門的一位同事，在公司做了幾個月，家裡就託人介紹了一家跨國公司，如今收入是他的2倍。

「我的親戚朋友沒有這種門路。」這是張先生的總結。同時，這也是我們身邊99％的人窮盡一生都只能原地打轉、無法突破階級限制的根本原因——每當人們談及機遇、人際關係或做好某件事情所需的條件時，總是本能而固執地一遍遍地掃視自己的房間：我有沒有存下資源？我的親人中是否有人可提供幫助？我是否結交了強而有力的朋友？

如果答案是否定的，他們就會默默地接受命運。對於大多數人來說，其一生都很少向外看一看：在那些與自己擦肩而過的關係中，是否有我求之不得的好機會？他們可能連嘗試一下的勇氣都沒有。

假如你總是「閉著眼睛」活在安逸的熟人關係網中，歲月就會腐蝕你曾經的雄心壯志，使你的理想漸漸沉沒，使你的上進之心自動消失。

過度倚仗強關係的人，往往主動關閉了通往外面廣闊世界的窗口。

但是強關係不能幫他一直前進，有限的熟人力量總有一天會遇到極限。那時，他們內心剩下的只有抱怨。

強關係的共性：人以類聚

為何以熟人為主的強關係會讓我們原地踏步呢？這仍然要從資訊的獲取層面解釋。在熟人關係網中，傳播最為廣泛的資訊經常是同質性的，意味著這個社交網裡的每個人都已經知道了。人人都倒背如流，它還在親朋好友間來回傳遞。

你想找點新鮮的話題嗎？或者瞭解一些陌生的領域，得到一些創新的機遇？很遺憾地告訴你：

在「人以類聚」的強關係網中，要讓自己的人生取得創新性的突破，非常困難！

例如，討論互聯網上流傳的新聞，並從中得到一些有益的見解？在資訊傳播與延伸的過程中，很重要的一點就是，我們不能單純地考慮資訊的傳播速度，以及人和人之間的聯絡方式，還要想到資訊傳播的「共性」——傳播資訊的這些人，是否具有不同的思維方式與創新能力？

同質性是熟人的社交網路之間最大的特點，有著相似個性的人總會加強相互間的連結，熟人透過血緣關係、工作、學校、興趣、信仰及其他因素連在一起，任何資訊在這個社交網中的傳播，都很難得出一個意外的結論。

比如，密友總是支持你的想法，他們提的建議有時正是你想說的；親人則為這種同質性提供精神支援。不是說所有的熟人均是如此，但在大多數的強關係中，我們都能深刻地感受到「大家是同一類人」，思維方式、價值觀、理解事物的角度，乃至可能採取的策略都具有極大的相似性。

在這種情況下，我們難以創新地看待問題。更多時候，我們是在重複社交網裡其他人的想法、計畫、策略或者行動。

因為「人以類聚」而「資訊趨同」，有相同特點的人聚在一起，結合成了強有力的關係。熟人間的這些共性不僅決定了人們相互聯絡的頻率及探討的話題，還決定了他們作為個體如何尋找資訊、尋找哪一類的資訊。

經常聯絡的人彼此相似，尋找、消費的資訊也是趨同的，沒什麼驚喜發生。與此相反，互相有較大差異、交流較少的人之間，則能創造更多的不同資訊，互補不足。

在同質化的資訊環境中，大部分機遇都是重複、陳舊和沒有價值的。這是一個普遍的現象，你一定能感覺到，在你與密友、親人的資訊互動中，資訊就像一個老舊的錢幣，它總是待在那裡。

三十天前，你從某個朋友、親人那裡聽到一個工作機會，三十天後再去打探：「有好的工作嗎？」他將對你重述一遍：「聽著，好好考慮一下我說過的……」類似的資訊也許有不錯的誘惑力，但對解決問題是沒有價值的。密友之間彼此相似，尋找資訊的方向也大體相同。

另外一種解釋則是，強關係對一個人而言更有影響力，所以人們更有可能因此分享來自密友與親戚的資訊。這導致了我們從強關係的環境中獲取的資訊大多是重複的，少有新鮮的稀有資訊。

為什麼必須告別熟人關係網

在一個同質化嚴重的社交網內，你和裡面的每一個人都可能缺乏更廣闊的視野。熟人關係網會讓我們有本能的滿足感，尤其當這個社交網的人越來越多，交流頻繁而順暢時，你可能會覺得自己並不需要外面那些稍縱即逝的人際關係，或者費盡心機去一個陌生的世界，搭訕那些看起來並不靠譜的陌生人。

不久之前，有一個資訊傳播學的專題小組，對Facebook如何擴大資訊的傳播面進行研究。具體的研究方式是，假如一個好友在Facebook上分享了一則資訊，你因為看到了此資訊而分享的機率會增加多少倍？

專題小組歷時四個月，搜集了超過7萬人的資料（使用社交工具的行為偏好、資訊獲取方式與好友特點），得出的答案是：好友的關係強度與分享的倍數成正比。越熟的關係，人們就越傾向於「毫不猶豫」地轉發該消息——有90％的資訊其實是自己根本不感興趣或不需要的；越生疏的關係，則越不關注對方的資訊，轉發率降低。這與資訊的重要性無關，而與關係的深淺有關。

這個結論大大出乎了人們的預料。有人說：「我以為自己是一個視野開闊的人，但行為出賣了我。」關注這研究的一些人，回頭查閱自己的Facebook使用紀錄，果然發現了這個行為特點。然後有人說：「過去幾年中，我與許多好機會擦肩而過，當時看到了，卻沒在意。」

這是督促我們需要告別熟人關係網的理由，至少要將相當一部分的注意力分配給弱關係。弱關係在傳播我們原本不太可能看到的資訊，而且這些資訊有的特別重要，是我們需要的，比熟人的建議或資訊更有價值。

熟人關係網就是一堵無形的高牆，它不遮擋視線，卻阻礙外界的資訊進入牆內。我們在長期的觀察中發現，由一個人的弱關係分享的資訊具有天然的發散性，它不太可能被局限在一個很小的範圍內。

但強關係則不然，它分享的資訊天生就具有向某個特定的社交網分享的特徵，這決定了我們從熟人關係網中得知的資訊是封閉的，無法即時更新。

總而言之，為了得到一些高價值的資訊，我們必須更信任弱關係。

精英社交關係網＝愚昧的封閉

二〇一六年，美國總統大選以一場「逆襲好戲」（媒體用語）落下帷幕，不被看好的地產商人唐納．川普擊敗希拉蕊，成功當選新任美國總統。支持希拉蕊的精英們自以為勝券在握，結果卻讓他們大吃一驚。

有人因此評價：「近幾十年來，形成根深蒂固的社交關係網文化的美國精英階層，以一場選戰輸給了高度不滿的中產階層。」

不過，我關心的問題是，為何在選舉投票前，精英階層或其支持者都認為「希拉蕊贏定了」？為何他們沒有看到美國真正的民意，這些精英的社交關係網，在資訊與決策中犯下了哪些錯誤？

一個封閉的社交關係網必然帶來資訊的封閉，對於這一點，即使精英群中的成員也心知肚明。就像歐巴馬在二〇〇八年贏得總統選舉之後，曾經表示：「白宮很容易陷入一種集體迷思，所有的幕僚都在人云亦云，沒有不同的意見和激烈的討論，因此建立一支特色鮮明的多元團隊是至關重要的。」

當一個由精英人士構成的社交網，不再認真傾聽社交網之外的意見時，就等於關閉了與外界的資訊交換管道。歷史已經向我們證明，但凡這麼做的精英群體都很難避免衰落的結局。

歐巴馬在上任時信誓旦旦地表示，白宮應該是一個歡迎不同聲音辯論的場所，但後來，他說過的豪言壯語都化為烏有，他在任內的多數決策都依賴自己的社交網成員。

回到川普與希拉蕊，前者勝選的關鍵是什麼呢？我認為，川普極為聰明地運用了弱關係的動員力量，他洞察到了互聯網時代「民意」的不真實之處——走上街頭發表觀點的人與投票者群體存在極大的偏差。

年輕人到處發表看法，但去投票的卻大多是中老年人。這些投票者正是需要爭取的弱關係。希拉蕊陣營卻把主要精力放到了視線所及之處，誤判情勢，以至於在輸掉競選後，她並不清楚自己為何會輸掉這場競爭。

「社交網」帶來的是「封閉的高效」

作為一種社交網成員，這樣的關係具備了兩種明顯的共通性：

第一，價值觀的雷同。特別是優秀的社交網中——由精英人才、商業家族、政客或生意密友組成的核心社交網，社交網內的成員總是具有高度雷同的價值觀。他們認為自己代表了某些東西，或者至少有一些必須堅決維護的價值理念。

在社交網中，價值觀的審查無處不在，不符合的人會被無情地踢出去。高度統一的價值讓他們結成了牢不可破的強關係。

第二，互相瞭解並有一定的默契。社交網的成員關係親密，彼此有深刻的瞭解，清楚對方的喜好、習慣和行為模式。高度的默契使強關係為主的社交網在行動中擁有非常高的效率，但這種高效卻是封閉的。

例如歐巴馬在競選之初建立的團隊，萊絲、麥唐諾、羅茲等人是他身邊核心的外交政策團隊，也在後來占據了重要的崗位，為歐巴馬制定外交政策。他們忠誠、務實、高效，但並不瞭解社交網外的真實情況——他們的資訊是封閉的。

「排外」與「集體迷失」

精英人群的「排外」存在已久，任何一個由優秀的人組成的社交網——政治、生活、工作或其他領域的關係社交網，都具備排外的特點。由於排外，社交網對外界的資訊持本能的抵觸態度——比起不重要的人，更信任社交網裡的自己人搜集的資訊、做出的判斷，並竭力維護社交網成員的利益。

封閉性導致社交網容易陷入一種持久的「集體迷失」。人們在觀點上基本保持一致，在決策和行動上密切配合。為了維護這種一致性，社交網中的成員寧可犧牲「客觀事實」和「未來」。他們判斷正確與否的標準是「是否有利於社交網的穩定」，而不是「事情的真相」。

於是，20個精英組成的強關係網，在實際的效果上卻變得愚昧和封閉，遠不如由100個弱關係構成的鬆散組合。這也表明，越是「志同道合」的熟人，聚在一起越難做出真正的壯舉，或是在工作上取得突破性的進展。

開放性社交

基於對精英式社交的懷疑，怎樣才能走出封閉的社交網，運用弱關係理論而使自己融入外面無限的社交網呢？

洛杉磯一家華文媒體做過一次深度調查，目的是瞭解留學生在美國的社交生活。調查發現，不論是來自中國大陸、臺灣和香港地區的留學生，還是他們的家長、老師，都面臨一個共同的難題：

華人每到一個地方，都傾向於在一起生活和學習，形成很多封閉的社交網。華人在國外的任何城市，都會自發地形成一個規模不一的「唐人街」，這個組織都是半封閉的，只向華人開放。

這種「社交網」現象既出現在年輕的留學生群體中，同樣也出現在居住於當地許久的華人群體中。客觀上，華人之間構成了強關係網，並且互相依賴。他們無法更好地融入當地的主流社會。

這無疑是一種尷尬的局面。調查的主持人、報社的主編呂先生說：「需要指出的是，這些社交網有一定的積極作用，比如內部成員可以幫助彼此克服各種各樣的障礙、困難和挑戰，但消極的影響同樣很大，不利於人們提高語言能力以及跨文化交流的能力。由於更相信同類而不信任白人，也很難在與當地人的競爭中占據優勢。」

比如，80%的人稱他們的朋友是背景、血緣類似的大陸學生；只有不到20%的人聲稱自己的熟人關係網中擁有許多當地人，包括白人、黑人和其他族裔。這一結果與我們在中國瞭解到的情況相同，有80%的人坦言，自己的熟人關係網是由親人組成的，極少部分擁有廣泛的社交。

所以，在生活和工作中遇到難題時，他們都驚訝地發現：熟人關係網中那些平時看起來很有能力的人士，也許提供不了關鍵性的幫助。

開放性原則一：在不同的社交網之間建立平衡

調查顯示，能夠努力掙脫由「關係網」帶來的束縛，並且獲得了一些成功的人，他們的發展更好一些。這源於他們能在校園、工作場合與來自不同群體的人建立並發展出多個社交網。

在熟人關係網和外界的大量弱關係之間，他們建立了一種平衡，並不是僅把注意力和希望放到親朋好友的身上。要擺脫「強關係依賴」，這是重要的一步，但要充分開發弱關係的資源，還有很長的路要走。

開放性原則二：用包容與接納的態度對待關係網外的資訊

拉幫結派是關係網文化的特點之一。如果一個人擅長編織自己的關係網，以使自己在強關係網中左右逢源，那麼他就走上了一條封閉之路，到最後，他必然被自己編織的大網套住。**精於關係的人，最後往往輸於關係**。這不是一個悖論，而是一個事實。

根本的解決之道，是以包容與接納的態度，走出自己的強關係網——不論這個強關係網是精英化還是一般化的，你都要對關係網外面的資訊一視同仁，用飢渴的態度貪婪地吸收它們。

這並不是意味著你要多交朋友，而是要用開放性的原則接納這個世界，學習每一個人的優點，然後與他們建立連結。

當你「與世隔絕」，問題就來了

A君是一位幾年前在北京認識的好朋友，他從事電子產品的銷售業務已有八年的光景。這八年來，他從一個小業務員開始，默默無聞地每天奔波在北京及周邊縣市的大街小巷，憑藉埋頭苦幹贏得上司的誇獎。但八年來，許多同事或跳槽或晉升為高一級的經理，而他仍是一線的業務員。

在自己的職業生涯中，A君奉行的一直是口口相傳的熟人推銷戰略。他總是發動身邊人幫忙介紹業務，走街串巷地上門介紹產品，從來沒有認真遵守過公司培訓的理念，在更多的陌生人中打響產品的品牌。

他更相信熟人的推薦，因為這意味著售後糾紛幾乎為零。他不喜歡賣出一個產品後還要沒完沒了地接聽客戶的電話，不斷地解釋各種問題。

「熟人推薦的客戶買了就是買了，很少來煩你，我喜歡這樣的工作。但陌生人不行，他們對你天然不信任，有時幾個月過去了，產品使用中的一點小問題也要打電話給你，要你解決。其實那根本不是產品的問題，而是他們使用不當。」

A君的熟人戰略等同於與世隔絕，不僅把他與廣闊的市場隔開，還堵塞了他事業的上升通道。因此，儘管他已從事了八年的銷售，卻仍未真正理解自己需要做的事情。

「熟人遍天下」是好事還是壞事

像A君這樣，在一個行業中沉澱久了，「熟人」自然遍布天下，許多客戶都已成為他生活中的強關係。他靠這些關係吃飯，一直在為這些熟人服務，也依靠熟人給他介紹新的客戶。

這是好事，還是壞事？當有一天，掌握互聯網社交、行銷工具的新人與他同臺競爭時，面對後起之秀在陌生人群體中高效行銷的能力，他還有多少優勢可言？

從現代行銷的角度看，「熟人遍天下」反而成了一種劣勢。一個人有雄厚的強關係基礎，讓他捨不得放下近水樓臺，不願意去冒險開拓陌生關係。於是，他待在一個關閉的院子裡，在強關係的「恩養」中得過且過，事業也就很難有大的突破。

隔絕的是「進取心」和「對待生活的熱情」

過於依靠強關係，我們在關係網的隔絕中，失去的不僅是對外部世界的好奇心和進取心，還有對生活的熱情。我在很多案例中都發現，一個人在熟人關係網中待久了，他對新知識的學習與求知欲都會一點點地降低。他也會放鬆對自己的要求，因為潛意識告訴他，你不用如此努力，出了問題自然有熟人打點。

更致命的是，你將逐步地習慣「光說不練」，因為你所有的資訊管道、業務來源都是熟人，較低的行動和責任風險使你對危機喪失警惕。一旦這些熟人不可靠了，你完全沒有備用策略，沒有其他關係和資源代替，到時終將兩手空空。

一、熟人越多，越要讓自己歸零

中國是一個講人情的社會，生活中，熟人間互相幫忙，事業上，熟人間彼此扶持。熟人多了，互相之間辦的事情就越多，可這未必就是一件好事。

當你發現自己熟人很多，並且向他們的求助很多時，意味著你在自己的強關係網積欠的人情也越多。

這時候，你要讓自己歸零。如何歸零？

第一，從現在開始，嘗試不再以「求助熟人」的方式完成自己的下一件事情（尤其是你的工作）。

第二，調整自己社交的心態，不再將熟人作為交友或工作的主要平臺（只是把它視為一個重要的部分）。

這兩條原則保證我們能用一個開放性的態度對待未來，也是走出熟人社會的開始。你認識的熟人很多，不代表生活和工作都要依靠他們。相反的，熟人越多，我們就越要注重開發外部的弱關係，讓兩者有秩序地補充起來。

二、要積極地走進弱關係世界，與陌生人打好交道

讓自己睜開眼睛向外看，去開發新的關係，這是擺脫「熟人關係網依賴」的重要一步。比如A君，為了拿出成績超越同事，他要做的不是抱怨，也不是對新人嗤之以鼻，而是在新的業務中積極拜訪陌生客戶，學習新的行銷手法，而非抱著熟人推薦的模式不放。

和陌生人打好交道，就是要把弱關係的外緣繼續向外擴張，把更多的人納入進來，透過持續的聯絡從中獲取價值。所有的行銷大師都是經營弱關係的高手，他們從來不會用熟人關係網隔絕自己，走對了方向，業績自然蒸蒸日上。

強關係不具備稀有資源

在關係領域，我們要有一種「稀有思維」。人們都知道，越是稀有的東西，升值就越快，關鍵是不知道如何判斷。就像黃金一樣，由於地球上的金礦十分稀少，所以不管經濟如何發展，黃金都是一種昂貴的金屬。

資訊層面也是如此，**「稀有思維」就是如今人們不斷地刷新資訊資源，導致資訊超載卻停不下來的心理——在過量的資訊背後，是我們已經厭倦了重複和陳舊的資訊**。我們每天翻閱著無數的資訊，卻很難找到讓自己眼前一亮的東西。

稀有思維在社交關係中的應用核心，是由於強關係固有的特性，我們從強關係中較難獲得有價值的新資訊。熟人知道的那點事你早就聽說了八百遍了，熟人能想到的方案也許你早已經嘗試了幾十遍。

因此，在解決一些疑難問題時，像熟人這樣的強關係很難提供稀缺而有效的資源。這時，必須透過弱關係連結到其他關係網，才能找到自己需要的資源。

在加州大學柏克萊分校任職的莫妮卡最近失業了，她在路上遇到了兩年未見的老同學格里芬斯。兩個人聊起最近的生活情況，莫妮卡鬱悶地說：「我離開大學幾個月了，一直沒有找到滿意的新工作。」事實的確如此，她在柏克萊的所有親朋好友幾乎都跟州立大學有一些關係，他們能提供的機會均不是她喜歡的，因為她想在事業上有一些突破，不想再在校園教書。

格里芬斯驚訝地說：「那你找我呀！」他的一位朋友在矽谷工作，上一次聚會剛好提到公司正在徵人，工作內容也正好合適。於是，格里芬斯將那個人的電話和電子郵件告訴了莫妮卡，並特意給朋友發訊息介紹情況。最後，莫妮卡通過面試，成功地在矽谷煥發了事業的第二春。

這個例子呈現了弱關係的威力，也告訴我們強關係的不足。強關係為一個人畫好了一個有既定範圍的社交網，這個網裡的許多問題都容易解決，但網裡人唯獨對網外的事情缺乏掌控能力。網外的資源對強關係來說是稀有的，而你需要勇敢地跳出去，與其他關係網建立弱連結。

對待社交要有「稀有思維」

我們如今活在一個資訊四通八達的時代，互聯網把一切熟人關係網在過去所擁有的優勢擊得粉碎。

如果你仍舊頑固而保守，將來必然輸得體無完膚。看看身邊或那些名聞天下的成功者，他們的拿手好戲都是可以將全世界的資源為己所用，非常擅長結交優質的弱關係，並實現資源的整合。

要為自己的未來好好考慮。假如你還是堅持原有的思維模式，那就真的離「死亡」不遠了。在大多數情況下，強關係已經不再是我們走向成功的必然保障，任何現存的熟人關係網的優勢都禁不住互聯網的衝擊。這就是為什麼我們要在互聯網上獲取資訊，而不是從熟人口中打聽答案的原因。

終有一天，熟人的經驗都會失效。這個時間不會太晚，而世界上的任何事物都有其保鮮期。所以，不要再憑藉自己過去十幾年來積累的關係吃飯，要從現在起依靠獲取稀有資訊的能力生存，這比你認識一百個巴菲特都更加重要。

不同「群組」之間的資訊流動

在資訊的層面，弱關係很好地促成了不同「群組」之間的資訊流動。一個關係網就是一個群組，在不同的群之間建立資訊通道，是未來的成功法則。相比緊密的、互相綁在一個關係網內的強關係，它更能為我們帶來新的機會。

所以，熟人無用的時代到來了！在重大的問題上，你會發現強關係總是拿不出最好的解決方案。那些能夠解決問題的人，他們都擁有豐富的弱關係資源，並以此建立了鬆散、廣泛而強大的人際關係——以弱關係為基礎的資訊庫。

一個具有優秀社交能力的人，他是聰明地立足於不同的群組之間，在各種群組的交集中建立自己的領地，成為不同資源的中轉站。

總結：弱關係帶來最好的合夥人

談到事業的搭檔，小米公司的創始人雷軍說：「我在創業之初花了70％的時間去找人，我找的不是和自己一個層面的合夥人。因為合夥人要互補，要不一樣，甚至要成為我的一面鏡子，要能跟我最熟悉的東西互相挑戰。」

雷軍的這段話充分表明了弱關係在創業中的最大功用——我們找合夥人最怕的是找自己最熟悉的一些人，也就是強關係。作為聯絡頻繁的熟人，強關係跟我們的觀點往往是比較一致的，多數領域都處於同一層面，兩個人結合在一起便非常容易「同質化」。

這就違背了合夥人的根本原則，所以商場上才會有一種現象：凡是和熟人一起創業的，往往都很容易失敗。

要在弱關係中尋找合夥人，而不是和最好的朋友開公司。熟人在一起做生意，除了同質化的缺點以外，在利益層面也不容易切割清楚。越親密的關係，就越容易將利益混為一團，最後關係惡化。因為熟人之間許多事情都以「情義」作為連結，涉及金錢、股分等利益問題時便抹不開面子。

創業開始時，由於普遍比較困難，還不到賺錢的時候，這時能夠團結一心、共同應對，可一旦公司賺錢了，矛盾也就慢慢地出現了。

現在創業的人普遍都有一個合夥人，但細究他們的關係，你會發現，除了企業的合夥人之外，他們還是很早就一起玩的死黨、童年玩伴、關係緊密的親屬或親密無間的朋友。這樣的結合聽起來非常牢固，卻難以長久。

弱關係給我們的啟示是，你能否擺脫內心牢固的「社交文化」的限制？你在社交層面的交往，眼界夠不夠寬？你的社交線條是向外輻射式的嗎？有沒有接觸到足夠多的人群和不同層面的關係？這些對於創業的成功是非常重要的，決定了你能否為自己的事業加入一些完全不同的基因，獲得稀有的資訊和資源。

為什麼熟人無用？因為在今天的時代環境中，沒有一個人是萬能的，也沒有人什麼都懂。我們在熟人關係網中獲得的資源，無法真正地應對外部世界。因此，要尋找基因不同的人來一起互相彌補和互相成就，幫助對方成長。

相比熟人，弱關係給予我們更好的經驗、更多元的知識與更廣闊的視野。和熟人比起來，弱關係分布在不同的關係網裡，從各式各樣的角度瞭解這個世界。他們代表著多元的視野與知識，也擁有更好的經驗。

現在，人們的知識不斷地反覆更新，不斷從競爭中成長，學習週期已經變得非常短，新的環境要求我們必須快速地成長。這是熟人關係網無法滿足我們的，必須用開放性的社交從廣闊的世界中汲取營養，利用弱關係的力量使自己壯大起來。

不管是尋找合夥人還是工作的搭檔，都應該著眼於基因不同、知識不同和經驗不同，讓搭檔可以與你優缺互補，最後實現強強聯合。

Part 04

需要人際關係，更需要資訊

如何獲得自己不知道的資訊

弱關係承擔了多數的資訊傳播

一個你平時可能尚未思考的問題是：「好朋友」是如何影響我們在網上看見和閱讀的資訊，以及瞭解工作機會的？你生活中90％以上的資訊是透過什麼管道獲得的？

對這兩個問題，我在北京做了一個小範圍的調查，參與者是年收入8～20萬之間的白領階級。他們大多在大望路、中關村等商業中心工作，善於使用互聯網社交工具，具有開放的社交心態。在調查中，我先請他們定義自己的朋友範圍：

——朋友是每週乃至每天定期聯絡的關係？

——朋友是給予你90％資訊的群體？

——朋友是最讓你信任的資訊提供者嗎？

在這些問題的答覆中，我發現大部分人的理解是自相矛盾的。一方面，人們在獲取資訊時更信任關係親密的「好朋友」，對熟人介紹的東西傾向於毫不懷疑地接受；另一方面，他們透過社交網路與成百上千的好友聯絡，生活和工作中接收的90％以上的資訊均非來自身邊的密友，而是不怎麼熟悉的聯絡人。

也就是說，互聯網的大範圍應用從根本上改變了使用者獲得資訊的方式，資訊技術的發展讓弱關係在悄無聲息中走上了舞臺，成為都市白領階級（使用互聯網社交最廣泛的人群）主要的資訊取得管道。對此，人們甚至並未察覺，原來弱關係已經承擔了自己生活中大多數的資訊傳播。

互聯網上的社交行為，就像是一間帶有資訊發送裝置的回音室，我們與志同道合的聯絡人在這裡消費和共用資訊，並促使資訊以多樣性的方式進行中轉和傳播。外面的任何資訊都可以進來，裡面的任何資訊也可以出去。這與線下的熟人關係網的資訊交流是完全不同的景象。

與此同時，我們也會發現，大多數的資訊來自人們不經常互動的聯絡人，有一些甚至僅聯絡過一次，但這僅有的一次往往價值不菲。比如，一次私訊給你帶來了未來一季的業務，或者給你的徵人增加了一個人才。雖然我們會消費和分享經常互動的聯絡人發布的資訊（像聚會的照片等），但遠距離的聯絡人帶來的是新的資訊，它們指向未來，而不是重溫過去。

這些研究均表明：

第一，以互聯網為平臺的社交網路，成為弱關係強大的連結媒介。在媒介作用下，我們透過弱關係分享新思路、創造新產品以及討論新問題，形成巨大的漣漪效應。這是強關係無法做到的。

第二，弱關係透過分享新的資訊，為我們創造更好的未來。開拓弱關係，本質不是建構人際關係，而是幫助我們獲取「強資訊」，加快不同觀點的傳播和碰撞，對我們的成長是有益的。

弱關係是資訊傳播的主要路徑

為了做成某筆生意，我有時要拜託許多熟人打聽客戶的情況。比如，客戶上一次對該產品的購買紀錄是幾月分的？客戶公司現在是否有更換產品供應商的計畫？這些內部資訊不容易搞到，除了拜託與客戶有合作關係的熟人打探，還有必要聘請專業的市場調查公司。這通常需要花費不菲的金錢。但不可思議的是，最後幫我做成這件事的是客戶公司接待處的一個管理員，最初的資訊就是從他那裡傳出來的。管理員碰巧到客戶公司總經理的辦公室，又非常及時地看到了一些關鍵的資訊。

就是這麼簡單！你所需要的價值巨大的東西，它未必就是從你最信任的人那裡得來的，而是來自微不足道的弱關係。在資訊的傳播中，弱關係不僅發揮了主要路徑的作用，而且直接成本是如此低廉。

商場上的資訊戰已經變成一場對弱關係的開拓戰爭。在我們現實的生活中，弱關係何嘗不是資訊的主要載體？社交網路上的強關係傳播一直都不是很有效——雖然多數人還沒發現這一點，人們的分享精神並不是很優秀，最後獲得「希望獲得的資訊」的途徑總是經由自己的「弱關係圖譜」。不管是誰告訴了你一個消息，它的源頭均來自一個你不認識或不熟悉的人。

弱關係進行資訊傳播的特徵是什麼？

它不是點對點的單向關係，而是網格化的衍射傳播。這是弱關係傳播和強關係傳播之間的根本區別。

強關係的資訊傳播是點對點的，由一個人對另一個人，就像一輛汽車在路上行駛，駛過一個收費站，再駛向另一個收費站。一輛汽車絕對無法同時出現在不同的路口，向四面八方出發。但弱關係的傳播卻可以做到，它可以由一輛車開始，但當它開過一個收費站時，你會發現它已經變成了兩輛車；每經過一個收費站，汽車的數量就會翻一倍，並且方向是沒有限制的，呈現出由一個點向四方擴散的漣漪形態。因此，精於病毒式行銷的商家才利用這種傳播模式，讓自己的產品一夜間紅遍全國。

它沒有改變資訊傳播的本質，但加快了資訊傳播的速度和範圍。我們在研究「占領華爾街運動」的資訊傳播過程時發現，除了早期的1～2個資訊源外，整個傳播過程都是

「去中心化」的。去中心化的實質是將每一個傳播點都作為一個中心，每一個中心都會向四面八方擴散資訊，使資訊的傳播範圍和影響力成倍擴大，達到一種指數級的分裂效應。

它當然沒有改變資訊傳播的本質，但它增強了單個節點的影響範圍，使每一個節點都變成了一個新的資訊擴散源。

弱關係的1％法則

為何我們未來的資訊通道主要依靠弱關係？因為弱關係的1％法則。在這一法則中，資訊的傳播已經變得極為高效，**1％的使用者在製造內容，10％的使用者則傳播內容，剩下89％的使用者可以輕鬆地享受內容**。這一法則使我們從強關係的「互相義務」中解脫出來，利用這個由弱關係構成的平行分布型資訊網路來快速獲取資訊。

在這種情況下，為了得到一個答案、獲得一個機會，你不再需要拿起電話打給密友，而是打開窗戶，讓外面的資訊飄進來。你只要在五花八門的資訊中找到自己需要的就可以了。我們自己也成為一個弱關係節點，這個過程中沒有強制的義務，只有主動分享的樂趣，就像轉發行為一樣。你的舉手之勞也會換來別人轉發你的資訊，何樂而不為？

爭取關注，提供關注，傳達關注

在《超級關係：弱連結法則所爆發的強大社群力量》一書中，作者也為我們分析了能夠促成弱連結發生的一些特質：

一、**第一印象特別重要**。我們與弱關係只有稀少的接觸機會，因此第一印象極為重要。人們判斷一個陌生人是否可靠，往往就依賴第一眼做判斷，不會再給對方更多的時間。人們願意在熟人身上花費相當長的時間來判斷意圖，給他第二次、第三次機會，但不會給一個無足輕重的人哪怕多一秒鐘。所以，弱關係的社交網對初始印象非常重視。

二、**高度的信任是基礎**。因為我們和弱關係缺乏長時間的接觸，因此人和人必須建立在高度的信任感與和諧上。如果信任不能建立，對方就無法進入自己的社交網。同樣，沒有信任的弱關係，你不會相信他提供的資訊。

從這兩點中，我們的總結是，在陌生人面前或在互聯網平臺不自覺地發表過激言論，將損害自己與別人建立弱連結的機會。第一，你沒有留下良好的第一印象；第二，你無法贏得人們的信任。

需要強調的是，第一印象的提升來自於我們的好奇心、自身素養和對社交的重視程度，以及一顆不功利的心。也就是說，即使沒有外在的動機與利益，你仍然願意採取行動把人們連結起來，這會幫你贏取信任，以你為中心建立一個高品質的弱關係社交網。

哈佛大學的一位心理學專家說：「好友、關注、收聽、轉發……這就是我們的網路關係，是互聯網社交的基本圖譜。無論如何，你只要有一支能上網的手機，註冊了Twitter帳號，彷彿一夜之間就『被社交』了。接下來你要做的就是提升關注度，去關注別人，也讓別人關注你。關注是人類情感的心理基礎，關注產生友情，產生愛情，產生信任；關注滿足虛榮心，換取實質利益。」

那麼，如何才能提升我們的「被關注度」？

經營好弱關係，我們都需要具備在熟人關係網中並不重要的三種力量：**爭取、提供和傳達**。我們不僅要爭取關注，提供關注，還要傳達關注，成為人際關係和稀有資訊的中轉站。當你具有了資訊中轉站的能力後，各種各樣的關係就會自己找上門來，你的「被關注度」將水漲船高，使你處於社交中心的優勢位置。

爭取關注，你要全面地展示自己

在互聯網社交的背景下，如何比往常更高效地展示自己？一個必要的策略是，我們要儘量將社交帳號上的個人資訊填寫完整——微博、微信、Twitter及Facebook等，包括頭像、個人介紹、個人網站、工作、學歷、優點和需求等。你要告訴人們自己「能做什麼」和「需要什麼」，這會取得更多人的信任，並讓對你有興趣的人快速找到你。

在今日的社交中，保持神祕可不是一件值得誇耀的事情。人們敬畏神祕，但不一定喜歡神祕。如果你不是馬雲、李彥宏、劉強東那樣的人物，任何刻意的神祕包裝都可能帶來相反的效果。假如你的社交帳號連頭像都沒有，多數人都會誤以為這是一個殭屍帳號。

對弱關係來說，現實就是這麼殘酷——人們沒有耐心和專注力分析你這個人的內涵，只會在兩秒鐘內做出一個最初也是最終的判斷：「這是什麼人？我要不要和他建立連結？」

研究資料早就顯示，一個設置頭像的網路社交帳號，平均擁有的聯絡人可以超過200人。反之，沒有頭像的帳號可能還不足50人。

主動關注熱門話題，而非自言自語

在你原創、分享或純轉發的資訊中，有多少是毫無意義的口水或是自言自語？有位北大畢業的高材生，現在有收入豐厚的工作，但他除了幾個特別要好的朋友外，其他的聯絡人很少。「我在微信和微博上十分活躍，但幾乎沒有人主動關注我。有時我一天發三十個微博或在QQ空間更新二十條動態，竟然連一個轉發、點讚、評論都沒有。我就像被無視的空氣，那種感覺是淒涼的。」

翻開他發送的內容，答案就在裡面。在他每天發送與分享的資訊中，有一半都是自己對即時心情的點評，就像一個個短篇的「心情日記」；另外有40%的資訊是旅遊、吃飯等缺乏熱門性和新鮮性的內容，很難吸引人們的眼球。只有不到10%的資訊是可能引發關注的，但他的內容缺乏自己的觀點。看下來，我的第一印象是：他是一個生活無聊的人。

弱關係中一個明顯的特點是，「被關注度」越高的人，他們在發言中談論自己私事的內容就越少，而是能夠聚焦一些熱門話題，發表自己的見解。你可以看一下那些總是處在聚光燈下的「社交明星」，他們平時都在談論什麼話題呢？

一、偶爾流露「真性情」是必要的，但大部分時間你應該戴著一張「面具」，不要讓人看到你無聊、浮躁和空虛的一面。

二、假如你想大幅度地增加「被關注度」，你應該把主要的精力投入熱門話題和時事新聞中，參與討論，發表見解，而不是將主要的時間浪費在對瑣碎生活的嘮叨。

傳達關注，而不是「轉發」

討論的途徑不僅僅是回覆和轉發。為了有力地傳達關注，勇敢地表達自己獨一無二的意見是最好的策略。人們在Facebook的調查中發現，好友數量低於一千的人，他們發言時更喜歡用「回覆」和「轉發」的方式，缺乏自己原創的見解。

增加資訊的原創性，能為我們帶來更多的、更有品質的關注。這個趨勢也適用於現實生活中。比如，當你在工作中非常擅長表達自己的想法時，同事和上司對你的關注度和依賴度都會升高——他們願意找你解決問題，給你更大的發揮空間。

相反的，那些蕭規曹隨、沒有主見、喜歡隨聲附和的人，在工作中經常只能作為一個受支配的小兵，從事技術含量很低的崗位。

成為一個關係網中的意見領袖，樹立威信，是增加弱關係黏著度的另一種途徑。如果你能成為某一領域的發言人、專家、大師或公認的權威人士，當然會比普通人更受關注。具有這些身分的人對陌生人的吸引力是強大的，他們的弱關係資源也十分雄厚，因為稀有資源能夠主動找上門來。因此，假如你在某些領域有真知灼見，那麼就用一種恰當的方式表達出來，這可以讓你獲得大量的關注。當然，在自己的簡介中直接加入「專家」、「大師」之類的頭銜，並不是一個聰明的做法。

最後的忠告是，**不要成為關注和傳達「負能量」的人**。這樣一個全身寫滿悲觀符號的人，爭取不到關注，也無法提供和傳達關注。人們會本能地遠離他，避免受到他的感染，而你要避免扮演這樣的角色。一個人充滿激情才能感染周圍的人，成為社交明星，並從弱關係中獲得「強關注」。

多參加社交派對？不一定

在哈佛大學中，因為還沒進入職場，在校園內可支配充裕的自由時間，學生會花很多的時間在讀書和課業測驗上。他們並不像外界想像的「熱衷於花天酒地的社交活動」，而是將有限的時間用於提升自己的實踐能力。有人說：「不會社交，無法在哈佛大學生存。」因為哈佛學生們從早到晚都生活在一片喧鬧中，不少人整天忙著競選、瞭解新同學、參加各種俱樂部，但更多的人卻在做超前的自學。他們對社交的理解並非吃吃喝喝、一起玩樂、交交朋友，而是將社交與自己感興趣的研究、工作、社會實踐和課外活動結合起來。在完成這些積累的同時，結交那些志同道合的人。

例如，哈佛大學所有教授的研究組幾乎是對每一名本科學生開放，這不僅是研究小組，還是提高交流能力的平臺。以這個平臺為中心，我們看到的是弱關係的延伸和搭建，它把來自世界各地的精英人才連結起來。假如你看到哪位教授從事的研究主題讓你感興趣，可以提出申請、參與。當教授叫你去面試時，你的知識能力固然很重要，但他更看重的也許是你的交流能力——創造性地表達見解與團隊溝通的能力。

還有極少數的人，像祖克柏那樣富有想法的活躍分子，他們在大二時已經啟動了自己的創業專案，正在沒日沒夜地打磨自己的產品雛形。對於社交派對，他們不屑一顧，因為這不是結交人際關係的最好方式。

人際關係的本質是資訊，而不是幾個小時與某些陌生人端起酒杯肆意放鬆地玩樂。**不是記住了幾個名字、留了電話號碼就叫關係，而是能從彼此的相識中收穫有益的知識。**

所以，為何美國的大學生走出校園後和社會的接軌往往都很不錯，很快就能把自己的技能應用到工作中？因為他們對於社交的認知並不僅限於派對，大部分社交都是與課業、研究等密切相關的，這對中國的年輕人是很重要的啟發。

「吃吃喝喝」的社交價值有限

社交生活絕不僅限於「吃吃喝喝」，單純的吃喝只是建構了人際關係網，但社交的最高境界，是建設一個高效與高價值的資訊網。祖克柏回憶說：「我和朋友玩的時候很放鬆，但工作的時候很投入，我們經常為了一個技術應用的不同理解而爭吵，也可以在爭吵完之後確立一個明確的方向。有時候，我和陌生人剛一見面就會吵起來，甚至忘了酒杯就在面前，完全可以先喝一杯再聊正事。」

在哈佛，祖克柏主修的是心理學，但他瘋狂地痴迷於電腦，被同學稱為「程式人」。當一些人去泡吧或參加其他形式的派對時，他獨自在宿舍來回踱步，對於酒精和交友無動於衷。他的眉頭緊鎖，神情專注，思緒飛速運轉，想的不是有誰可以在晚上陪自己喝酒，而是如何解決眼下的一個技術問題——我該找誰討論？

沒錯，這個想法也許才是弱連結的真諦！

在我多年來參加的社交活動上，大家都會玩得很開心，甚至出現一些瘋狂的比賽，比如組隊進行戶外拓展訓練，從上午十點到下午四點，我們把工作中的一切煩惱拋諸腦後。但是，人們聚在一起最重要的目的是分享彼此的經驗和不同的經歷，甚至獲得一些自己以前從未接觸過的理念，以及創新想法。我們並不把吃喝看得過於重要，儘管這些元素對社交來說不可或缺。

重要的是，社交讓我們獲得很好的補充和啟發。透過一次與形形色色聯絡人的交往，你學到了什麼，討論出了哪些結果，有了哪些新的認識？這些就是弱關係給予我們的寶貴價值。

重要的不是派對，是社交

一、你在派對結束後做了什麼才是至關重要的部分。

二、我們聚會的目的是增加一些有意思的資訊來源，而不是餵飽自己。

在一次聚會上，我曾經和一位熱衷於時尚文化的女士珍妮暢談彼此對於服裝的看法。珍妮經常來往於紐約、巴黎和北京，她是一個思維敏捷、思想開闊的人。在那次聚會中，她只喝了半杯紅酒，重心全都放到了互聯網、文化與流行的話題上。

我拋出了問題：「移動互聯網是否可以改變時尚的消費方式呢？」

珍妮則希望人們回答：「如何借助互聯網的力量解決時尚資源的整合問題？」

當時，珍妮在紐約有一間設計工作室。她發現很多模特兒擁有滿滿一屋子的漂亮衣服，都是昂貴的訂製款，但這些衣服往往只穿了一次就被處理掉了，是巨大的浪費。還有很多高消費能力的女孩為自己買了一堆奢侈的衣服，但只在少數的場合穿，而且穿過幾次之後就不再喜歡，或者無法忍受反覆地穿同樣一件衣服，就把它們束之高閣，扔到一個不被關注的地方，變成了閒置資源。

她端著酒杯，看著天花板說：「既然如此，為什麼不能將這些衣服租出去呢？我們知道那些婚紗平時是可以租的，這些各式各樣的漂亮衣服為什麼不能同樣租出去？」

「真是好想法。」我提醒道：「互聯網是一個平臺，誰都可以用。如果你能找到一些匹配的資料和推廣方式，是不是可以快速地幫助人們在平臺上找到適合自己的衣服？」

瞧，這的確是一次讓人開心的談話。珍妮從我這裡得到了建議，她選擇將時尚和互聯網結合，開設了一家專供女性出租時尚衣服的網站。她鼓勵人們把自己不穿的衣服放在上面，然後以一定的價格租給需要衣服參加節慶、出席重大場合，甚至只是應對一場約會的人。通常，人們只需三十美元就可租到一件售價兩千美元的禮服。真是太划算了。

交流、分享和聆聽

顯然，這是一個很好的例子。我們要參加一些聚會，但重要的不是聚會上的酒和食物，而是社交過程——你是否與別人做到深度的交流、分享和聆聽？是否從中受益？

這些年來，為了積極地拓展弱關係，我樂意跟不同行業、不同經歷的人分享自己的想法，從他們那裡獲得回應。我們要誠懇地與別人交換看法，聆聽他們對你的想法的意見，不管是正面的肯定還是反面的批評。你會從中得到一些與熟人截然不同的意見，你會獲得一面鏡子，從裡面看到那些原本沒有顯現的問題。

記住這三個詞：

交流——必須要有主動交流的勇氣。

分享——必須要有坦誠分享的態度。

聆聽——必須要有耐心聆聽的胸懷。

假如你一邊參加社交聚會，一邊用偏執與激烈的手段對待他人的「冒犯」，拒絕聽取那些刺耳的建議，只因為他們不是你的朋友，那麼你的人生不會有大的突破。要想為人生尋找與眾不同的突破，就要勇於聽取他人的建議，學會和他人交流。

每個人都是一個特殊的資訊來源，埋藏著我們意想不到的東西。在廣泛的交流中，只要你的資訊通道沒有關閉，無窮無盡的弱關係就能幫你孵化自己的美妙想法。關鍵是，你要善於從別人的經驗和案例中捕捉問題的核心，抓住那些最重要的資訊，在辯論和求證中突破自己的瓶頸。

好奇心、直覺和個性

伴隨著傳統社交聚會的是拘謹和無措，我們被親人、朋友拉去某個派對，參加某場聚會，然後你感覺到這個地方處處都有一堵高牆，告訴你很多「不能做」的事情。以建立強關係為目的的社交，總是要求人們做出某種妥協和犧牲。在這裡，你要強顏歡笑，虛與委蛇，無法自由表達內心的想法，就像一束被硬塞進瓶子的植物。

有位女士這樣形容社交場合的不自在：「我害怕直視別人的眼睛，就像妖怪害怕看見照妖鏡。」

「那為何還去？」

「是家族企業的聚會，父親公司的許多重要客戶都來了。在這種場合，說任何一個字都必須左思右想，整個人就像是一個木偶。幾個小時下來，我對他們沒有一點印象，一個人也沒記住。」

如果一個聚會讓你感到厭煩，意味著你將一無所獲。我們需要在社交活動中充分地激發好奇心，展示個性，並用原生的直覺感覺每一個人，和那些互相欣賞的人建立連結，或者發現我們感興趣的資訊。

永遠不要失去「好奇心」

調查顯示，互聯網時代的社交活動正越來越讓人失去求知的興趣。聊天是為了什麼？是為了交換資訊和溝通想法，但移動網路的普及使得聊天發生了本質的改變。

有位教師說：「過完三十五歲生日後，我意識到自己越來越令人討厭，也讓自己討厭。因為我忽然變得不會聊天，也不想聊天了。我好像對社交喪失了全部的興趣，對外面的一切都不再好奇。」

這位老師認為是年齡的增長導致了這一切，但實際上是由手機帶來的。社交活動從以前由眼神、表情和嘴巴主導，變成了今天的「拇指行為」。**人對社交的需求急劇退化，對陌生人的要求不再是「我們能互相給點什麼」，僅僅是「陪我一起無聊」而已。**

在這種退化的狀態中，我們失去了最寶貴的好奇心，這會讓你喪失在弱連結中把握稀有資訊和機遇的能力。你看不到哪些人、哪些事情的出現對你是重大的利好。

現代人在社交中的壞現象：

沉浸於手機——無論在什麼場合，人們都開始「機不離手」。不管是聊天、商業談判還是參加聚會，手機都是重點照顧的第一對象。人們沉浸於其中，忽視了自己的社交對象。如果有五分鐘不讓他看一眼手機，後果可能比殺了他還要嚴重。

心不在焉——「走神」是網路時代的線下社交主旋律。有的人一直微笑地盯著與他交流的人，時不時地點點頭，其實一個字都沒聽進去。現代人在社交中的微笑是標準和程式化的，優雅得體，但互動的效果卻遠不如過去。我們缺乏深度交流，僅僅局限於點頭之交，因此，人際關係再廣，也很難有實質的收益——你的通訊錄中僅僅是記下了一個名字和電話而已，對你來說，這沒有任何其他價值。

裝高冷——還有些人在社交中祭出「高冷大法」。比如，很多年輕人參加社交活動時戴著耳機，雙手插在口袋裡，假裝在聽音樂，最後他們什麼都沒做成：既沒聽進你說的話，也沒有享受到音樂。他們只是喜歡這麼做而已，如果不是特別引人關注的朋友，他們不會有任何興趣多聊幾句。

漠不關心——對資訊缺乏敏感性，即使有些重要的機會也白白錯過，難以抓住。不投入感情的社交就像蜻蜓點水，雖然記下了聯絡人的電話號碼，但內心並沒有把它當回事，也許三十分鐘後就不記得這回事了。

這些不良行為讓社交變質了。在弱連結中，任何一個不帶有誠意的細節都可能造成致命的打擊。在抱怨自己沒有機會、沒有貴人相助時，你可以檢查一下自己是否在社交中具有上述「惡習」。當你對這個世界沒有好奇心時，世界也會對你關上大門。

大膽展示個性

你在社交中的一言一行，或許正被有心人看在眼裡。要建構強有力的社交網，需要你成為一個富有個性的人，贏得更多的關注度。這就是為什麼一個好脾氣的人不見得就有優秀的社交能力和豐富的弱關係，因為社交需要個性。人們關注有個性的人，並願意瞭解他。所以要大膽地展示自己的個性，體現出自己與眾不同的一面。

人都是有多重性格的。例如，我們在面對父母、伴侶、同事、朋友和客戶時，表現出來的個性（性格及人格等）總會有所不同。你會感覺到這一點，只要自己面對的關係發生變化，你的個性也會隨之有一些「偏轉」，根據對方的需求轉換自己的「角色」。

在面對不同的人時，有時你甚至可以表現得判若兩人，前後矛盾。這是再正常不過的事情。但從現在起，你要找到那個最真實的「自我」，統一地把它展現出來。出現在別人面前的每一個「自我」可能都是真實的，是你個性中的一面，但你要把這些「自我」整合，描繪出你這個人的「最終形態」。

別再畏畏縮縮地不敢表達自己的觀點。把你內心真實的想法說出來，第一時間讓對方知道，強過拐彎抹角；不要考慮對方的面子，現代社會的節奏之快，人們還沒有時間顧慮自己的面子。別再為了附和對方而壓制自己的個性。追求平等，你就獲得平等；委曲求全，會讓你最後竹籃打水一場空。不要在社交網附和別人，請讓個性大膽地釋放，用真實的自我贏取人們的尊重。

要相信，在很遠的地方有你需要的東西

我在研究中發現，一個人過了二十八歲就很難再交到新的好友。這是為什麼呢？人生就像一條溪流，在二十八歲之前，我們的朋友如同許多條小溪，與自己慢慢地匯聚，在一起向前的過程中融為一體。到了二十八歲左右時，達到了它固有的寬度。這時，新的小溪就很難融進來，也就沒有了新朋友的空間。

這就是熟人關係網的形成過程。每個人在二十八歲前都會形成一個獨特的熟人關係網，別人難以進入。我們把那些與自己有共同「成長經驗」的人視為熟人、好友，和他們有革命友誼，有最高的信任度。

我們在這個關係網裡獲取、分享資訊，眼睛逐漸向下看，而不是向前看。生活和工作中遇到了問題，你習慣地打電話給家人、密友、伴侶、合作夥伴，他們都是熟人關係網中的一員。但在很多時候，他們只能給予你強烈的情感支持，卻對問題本身無可奈何。

視野開闊的人這時懂得走出去，從外部世界尋找支援。要學會看遠方，而不是盯著腳下。拓寬自己的視野，對傳統社交網外面的人和事保持好奇心，不斷地求知與探索，向遇到的每一個人謙虛求教。要相信，總有一些自己需要的東西就在自己尚未察覺的角落，在那些還沒來得及打招呼的人手裡。

總結：弱關係，不需要刻意維護

對傳統的人際交往來說，由於維繫人際關係的基礎是互動，因此我們要保持頻繁的聯絡來照料種種人際關係。你要定期打電話給熟人，定期聚會（假期、節日等）；你要與朋友有長期的深入交流，互相幫助（否則感情就淡了）。你會發現熟人關係網總是需要維護的，但弱關係則依託於自然連結，並不需要我們去刻意維護。

也就是說：弱關係不是基於功利需求。它是一種自在的狀態，偶爾聯絡、溝通一次，沒有時間、數量與標準的限定，全然發自內心。它是社交網中讓我們感到輕鬆的區域。

對需要刻意維護的關係，你要重新考慮。如果有一種關係需要你費盡心機努力維繫，這時候就要重新考慮一下你們之間的連結了。在很多成功學或人際關係領域的書籍中，只要說到人際關係，似乎都從最功利的角度指導你建立交際計畫，充滿了各種算計和管理。這些功利的原則並不適用於弱關係，儘管我們都知道，任何一種關係存在的前提都是「交換」。但對弱關係來說，你是否有資源值得交換，並不妨礙它的存在，因為弱關係的連結本身就是微弱的，它不存在於我們日常的熟人關係網的交際中。

因此，最好的原則就是，不要將心思放到如何巴結對方或加強與對方的聯絡上，而是想想在需要對方時，如何提出問題，或者怎樣為對方解決問題？你能幫自己的聯絡人——

目標客戶、同事、老闆，乃至陌生人——用自己的人格、性格、品格、能力等妥善地制訂一個方案或者完成一件事情嗎？如果屆時你能夠，且平時做好準備，你們的弱關係就是有價值的，便不需要過於費心地琢磨如何維繫這種連結。你們的關係會由於共同的利益而自然地掛勾，而不需用上「算計」或「管理」這樣的詞彙。如果你有了功利的想法，我只能對此表示遺憾。

弱關係不是「人際關係」，而是「資訊管道」。弱關係未必需要轉換成強關係，因為在本章中我們已經看到，弱關係的本質是與資訊有關的交換鏈，而且是網狀的。我們經營弱關係、拓展弱連結是為了獲得廣闊的資訊管道，而不僅是為了讓電話簿變得更厚一些。所以記住這一點：**人際關係只是手段或工具，資訊才是目的**。

現在很多人都願意掏錢出來參加各種培訓，包括管理、人際公關等，自信滿滿地以為自己是某一領域的未來之星，學習一些人際法則就可以變成一個搞關係的大師，走到哪裡都受人歡迎。但是三個月過後，他們就會恍然大悟：自己不過是做了一場夢，從成功學或人際關係學那裡學到的許多技能，其實百無一用。因為在那些理念中，對於人際關係的認識就是錯誤的。方向錯了，路線自然是錯誤的。

人們不斷地發問：

我怎麼結識那些比我更厲害的人？

我怎麼建立高品質的人際關係庫？

我怎麼管理對我未來非常重要的聯絡人？

我怎麼讓那些厲害人物注意到我？

我怎麼能儘快地運用六度人際關係成倍擴張自己的關係網？

……

假如有一臺設備能聽到人內心的聲音，這些問題就會像幾百隻蒼蠅一樣在你耳邊嗡嗡直叫，因為世界上的大部分人都在這麼問，希望得到答案。

每當有人這麼問我時，我都會回答他們：「永遠不要使用『人際關係』這個詞，要讓自己厭惡這個詞，要讓眼睛穿過人際關係，看到背後的東西。」

許多中國人認為，只要找對了人，事情就一定可以成功。他們迷信著只要認識誰誰誰就能怎樣。但事實的真相是，成功並不是因為找對了人，而是因為找對了資源。

這一微妙的區別決定了我們並不需要把目光鎖定在人的身上，而是要定位於資訊。每個人承載的資訊都是有限的，因此我們要盡可能與更多的人建立連結，使資訊的來源無窮無盡，這才是成功的最大保障。

運用三大原則，連結自己的弱關係。

「過濾原則」：不管是強關係還是弱關係，社交最重要的不是算計和管理，而是過濾。你要主動且精確地過濾掉有可能會傷害你、缺乏透明度與誠意的連結，只保留真心的聯絡人。和強關係一樣，弱關係也要追求寧缺毋濫，而不是把所有人都劃進自己的社交網。互聯網社交也應遵守過濾原則。

「真誠原則」：無論在網路上還是在現實中，待人都要真誠，任何時候都不要把你的朋友、親人及其他聯絡人，按世俗中「重要與否」的標準進行分級，因為資訊本身並不是因為某個人的身分就天然地增加一些重量。做什麼事情都要具備發自內心的真誠——溝通、協作等，把你的真誠腳踏實地落實在結果上。

「自在原則」：弱關係的最高境界是「平時結下好人緣，有事主動都來幫」。這句話講的不是如何管理人際關係，而是要學會怎樣留下人心。「上善若水，水利萬物而不爭。」不要在自己的臉上寫滿「功利」二字，而是要有一顆自在與隨興的心，塑造自己出類拔萃的人格魅力。

在這個競爭過度的社會，人們活得很累，所以每個人都喜歡結交擁有一顆「自在心靈」的朋友，因為在這裡能找到單純的快樂，收穫最真誠的善意。

Part 05

低成本和高效能

如何快速找到能幫助你的那個人

是誰給了你優質的工作機會

經濟形勢不太好時，找工作就成了一個高熱度的問題。二〇一六年十月分，我在天津的一位朋友尹先生突然想換一份工作，但是他馬上發現，自己面臨的是一座很難逾越的高山。尹先生是做土木工程的，在某設計院工作，已經有三個年頭。三年是應該做出成績的階段，但他現在的處境卻是底薪不多、機會很少、前景一片黑暗。

「我八月分的工資是兩千元，九月分是一千四百元，預計本月亦不足兩千。」

他會如此窘迫，是因為單位的業務量很少，而他與主管的關係也一般。這讓他看不到希望，因此只能痛下決心，重新換一份工作。尹先生不僅想換工作，還想借此機會跳到一個全新的行業。

「我有IT行業的知識基礎，也很感興趣，因此想向這個方向發展。」

此時難題來了——尹先生這幾年積累的關係都是土木工程行業的，尤其是生活中的好朋友和工作中的同事、客戶等，這些強關係幾乎都跟IT扯不上半點關係。換句話說，無人能向他介紹IT行業的工作機會。這讓他覺得自己懷才不遇。

尹先生一邊苦苦尋找，到處投履歷，一邊思考別的辦法。有一天，他偶然加入了一個「同鄉群」，在群裡報了自己的地址和名字後，忽然有一個人加他為好友，兩個人聊起來。他驚喜地發現：這個人既是他的同鄉，還在上海的一家互聯網公司工作，從事的正是IT行業。經過深入的溝通，對方瞭解到他的處境，沒幾天就幫他聯絡到了一個面試機會——這是一個獲得月薪兩萬元的優質工作的機會。

透過一個沒有聯絡過的同鄉，一次「偶然機會」，尹先生跳槽成功，得到了一份好工作。在傳統的熟人關係網中，這種偶然的機會是很少的，但在弱關係中則比比皆是。

在另一些案例中，我看到的是人們對於熟人的過度依賴和對弱關係的不信任。一些人總覺得只有熟人才是可信的，比如找工作、買貴重的東西及辦重要的事情等。雖然口頭上會說「也許並不一定如此」，但在實際行動中，他們寧可用昂貴的成本換取極低的效率，也不願給予弱關係多一些信任。

問題是，在兩種不同思路所產生的巨大差異中，你是否意識到了究竟哪一種思路和選擇，能為我們創造更好的機遇。當你需要在特定的時刻和環境中找一份工作時，不同管道和成本、效率的對比又是怎樣的？對你來說，你認為自己更有可能從哪一類人那裡，方便快捷地得到一個好的工作機會呢？

一、經常一起玩的朋友

人人都有一起玩、定期出來聚會的朋友。這些人當然是我們熟人關係網的核心，是不可否認的強關係，對他們不用特殊管理，只需要真心相處並兩肋插刀地互相幫助就可以了。但不管關係多好，你會發現最好的朋友雖然可以給你金錢的支持，卻極少能在你處於事業困境時幫你找到新的出口。因為他所知道的，你早就知道了。至少在我的經驗中，好朋友扮演的最大角色總是情感的避風港，而不是事業的引路人。

二、社交活動的組織者

一些負責組織社交活動的人，有一定的條件和資源為你介紹優質的工作。社交組織者具有天然便利性，他們是人際關係的連結，把可能性格相投的人連在一起，為彼此介紹些新面孔。

這類人手中握有大量的弱關係，同時也是資源的中轉站。比如，在尹先生找工作的過程中，同鄉群組的創建者毫無疑問就是這個中轉站的角色，他創建的平臺為尹先生搭建了一個弱連結，解決了問題。

三、同事及工作聯絡人

我們在事業中的聯絡人，是最不適合進行私下交流的對象，除非他既是同事又是朋友。我們的合作夥伴也具備這樣的屬性，他們有的是強關係，有的則是弱關係，但在本質上，都不可能以超出你的擅長領域的形式為你打開事業的另一扇門。

工作中的關係成不了死黨，但也有形成關係網的趨勢，遵循互惠互利的原則。比如，關係的維護主要靠業務，沒有業務合作時，工作關係就會變淡。我們要在工作中拓展弱關係，獲得好機會，就不能完全遵循這一原則。你必須適當地忽視利益，不要有投機心態；你可以栽下很多樹，但不要指望它們一定能結出果實。

四、你的客戶

客戶是我們最想搞定的人，因為客戶本身就意味著「優質機會」。但就多數情況而言，客戶總是作為利益的索取者出現，而非機遇的給予者。你必須提供一些利益（前景也是利益），才能從客戶關係那裡獲得新的機會。

但是，維護客戶關係，包括挖掘客戶中的弱連結，所花費的成本比其他關係都要高。你需要從客戶的角度思考問題，從客戶的立場解決問題，累積這方面的資源。一個喜歡讓客戶為難的人，在自己為難時，客戶都會冷眼旁觀、幸災樂禍。所以降低成本的最好方式，是要懂得放棄短期利益，和對方著眼於長遠的未來，然後共同進步。只有這樣，他們才願意給你更好的合作機會。

你最無用的連結，可能最有價值

如果你理解了「弱關係的本質不是價值交換，而是資訊交換」這個理論，也許很多正面臨的現實問題就可以迎刃而解了。在弱關係中，「可交換的資訊」才是價值，最有價值的資訊，往往在你覺得最無用的聯絡人那裡。

為什麼關鍵時刻，熟人就走開了

我們現實中接觸到的大部分人，尤其是生活中的強關係，你會發現看似堅固的情感基礎往往禁不起考驗。

越是關鍵時刻，人情就越淡，利益色彩卻越濃。除了父母、兄弟姊妹、配偶這樣牢牢捆綁在一塊兒的關係極少考慮利益的交換之外，其他的諸如童年玩伴、死黨、閨密等經歷過很多考驗的親密關係，平時聯絡極為頻繁，是你認為對自己最有用的聯絡人——恰恰是這些人，在最關鍵的時刻卻往往會讓你失望。

南京的一位胡先生說：「我活了三十年才明白了一個道理，你最相信、最寄望希望的人，卻在你最需要幫助的時候站在離你最遠的地方。」

胡先生在講述自己的故事時一口氣用了四個「最」字，足見他對自己某些好友的失望。事情的起因並不複雜，胡先生是個成功的生意人，十幾年來事業順風順水，經營的裝修公司訂單不斷，還投資了其他買賣，發展也都不錯。前兩年，為了適應飛速增長的業務，胡先生制訂了一個雄心勃勃的計畫，換了面積大1倍的辦公樓，人員也增加了70%。

隨之而來的就是成本也跟著翻了一番。

「那時我很自信能賺回來，因為裝修市場很熱，可以說顧客盈門，從早晨七點忙到晚上十點，人都是飄的。」胡先生說。但他沒想到的是在公司搬進了更大的辦公室，招了更多的人後，房地產業卻突然迎來了一場「冰霜」，需要裝修的客戶急劇減少。公司的招待室立刻冷清下來，每天從以前的幾十人，降到了不足十個人。

這意味著，胡先生每月多投入1倍的成本，換回來的卻是收入下降5～6倍的結果。兩個月不到，他就遇到了巨大的經濟危機，攢了十幾年的錢眼看就如同流水一樣，在這個無底洞中消耗乾淨。

現在，胡先生有三個選擇：

一、繼續投錢進去，維持龐大的開支，等待行情好轉。這麼做是常規想法，但需要持續的資金支援，他沒有這個能力。

二、立刻更換辦公場所，再用裁員的方式止損。這麼做「回頭是岸」，但一是面子上過不去，二是未必真的明智，因為市場總有回暖的時候。

三、想辦法擴大業務管道，為公司增加訂單。這麼做是最佳選擇，但他缺乏這方面的門路和資訊，因此急需別人的建議和幫助。

胡先生開始找親人和朋友商議如何度過難關。他希望能從親朋好友那裡借到一筆錢，再看看他們有沒有辦法幫助自己擴大業務——介紹些客戶、出出主意等。遺憾的是，願意借錢的沒有，催債的卻來了，而且是他的至親好友。胡先生擴大公司規模時曾向一位親戚借了十萬元，約定三年歸還，年息10%。現在還不到一年，親戚見他情況不太妙就突然毀約，要求他還錢。

這令胡先生非常傷心，繼而感慨萬分。很多人都和胡先生有類似的經歷，在自己最需要幫助時，求助於強關係反而不是最佳的選擇，因為成功率非常低，而且經常要付出高昂的成本。有人就說：「關鍵時刻不要向熟人求助，尤其是親戚，你不但一無所獲、白費精力，反而會失去他們。」求助會讓強關係從此遠離你嗎？至少在很多人看來，這種可能性是非常大的。

出現這種情況的原因是什麼？

你要知道，**強關係的基礎是價值交換**。關鍵時刻，強關係不幫助你，很可能是因為你沒有足夠的價值跟他交換；或者說，他們的視野不夠寬，眼光不夠遠，也對你缺乏耐心。他們不希望在你這裡冒險。

因為大多數熟人已與我們建立了牢固的聯繫，互相知根知底。瞭解越深，對一個人的判斷就越趨於理性和謹慎——這時會滋生許多功利的元素。強關係之間的交集充滿著價值的等價交換。同時，你解決不了的問題，他們中的大多數人也解決不了。

所以對這些熟人來說，「交換」的概念尤為重要。你覺得有用的人，當你沒有東西與之交換時，他就變得無用了。因為他不是不想幫你，就是根本幫不了你。我們在請求強關係為自己做一件事情的時候，總是需要拿出相應的利益跟他交換——**欠下人情也是一種利益交換**。

因此人們才會覺得，去請求熟人幫忙是一件不好意思的事情，總是羞於啟齒。人們的愧疚不是來源於自己的無能，而是基於強關係的這種本質——你想從他們手中拿點東西，必須有相應的東西去交換。正是這個過程才讓人感到羞恥。

願意幫助你的人經常站在不起眼的角落

胡先生的問題最後怎麼解決的？他說：「在我最無奈的時候，我準備抵押公司的一些資產，拿自己的房子去貸款。我拿著資料去了貸款公司，遇到一個信貸人員。他一年前找過我，當時我的生意很好，他問我是否需要貸款，我說不需要，然後就沒再聯絡。」這次見面對胡先生來說是人生的一次重大轉折。

這名信貸人員看到胡先生，開玩笑地說：「您終於想到我了！」然後仔細看了看資料，又嚴肅地說：「您現在經營前景不太好判斷，恐怕公司不會放貸給你。」

那一刻，胡先生感覺自己掉進了絕望的深淵：親戚朋友幫不了我，我沒有抱怨。現在連金融機構也不給我生路，我該怎麼辦？

但是，信貸人員話鋒一轉。「也不是沒有辦法！我認識一個人，他是專門幫助困難階段的中小企業尋找融資的，他在風險投資機構工作。」也就是說，這名信貸人員有一個朋友可以解決胡先生的資金需求。

於是，在他的介紹下，胡先生第二天就與那個風險投資經理見了面。在搞風險投資的看來，胡先生儘管現階段遇到了困難，但裝修這個行業長期來看是比較穩定的，胡先生又有經營頭腦，未來的前景看好。一週後，他就從這家公司拿到了一百萬元的資金。

在胡先生遇到問題的那一瞬間，他能想到會是一個自己不認識的風險投資經理提供了幫助嗎？他甚至也想不到，從中發揮關鍵作用的，是一名他一年前只見過一面的信貸人員。這個人根本不在他的通訊錄中。

所以，什麼叫「有用連結」？就是真正願意並能夠幫助你的聯絡人。他未必是你的熟人、密友，甚至也算不上朋友，但在你需要時，他就能幫助你。

這樣的人通常具備哪些特點？

第一，「意願」很重要。即便他的能力不夠，或者最終幫不上你，但他願意隨時隨地無條件地向你伸出援手，你也能第一時間感受到他幫你的意願。不要小瞧這一特點，事實上，遍數身邊所有的朋友，你會發現具備這一點的聯絡人少得可憐。第一條標準就會把我們99%的聯絡人排除在外。

第二，他具備幫助你的能力。一個可以為你提供價值並及時幫助你的人，他必須擁有你不具備的某些能力，掌握你沒有的某些資源或資訊。這決定了他和你能形成資訊或能力上的互補。看一看自己的熟人關係網，有誰具備這個特點呢？

第三，他往往是平時你沒注意到的人。為何這樣說？因為人的本能是趨利避害。對自己有利的人，我們早在第一時間就關注，而不會將之遺忘在一個不知名的角落。所以在你需要幫助而不得時，說明平時很熟悉的人，你早就分析了一遍。這些人在關鍵時刻都指望不上。此時能站出來幫忙的人，一定不是你的強關係。

利用流動性，創造更多的弱關係

「談笑有鴻儒，往來無白丁。」這句詩形象地描繪了一個交遊廣泛的人是如何意氣風發。社交活動比較成功的人，到哪兒都是座上客，與不同領域的人談笑風生，遇到問題總能用很少的代價便找到合適的人幫助自己解決。

一個人的精力是有限的，因此我們需要「六度連接」。

但是，要達到「朋友遍天下」的境界並非易事。至少這不是我們一個人到處打電話、參加社交聚會就能做到的。一個人的精力很有限，能夠直接管理與定期聯絡的關係也並不多。為了保證自己隨時可以找到一個解決問題的聯絡人，我們必須充分地開發弱關係，並且讓弱關係流動起來，去創建更多的連結。

首先，**你要重視關鍵聯絡人**。

關鍵聯絡人處於不同的社交網之間，是人際關係的中轉環節。比如，一個人可以幫你從自己熟悉的社交網進入另一個陌生的社交網。他是兩個社交網中間的橋梁，離開他，你就不能與另一個社交網建立聯繫。他就是關鍵的聯絡人，我們必須重視。在六度人際關係理論中，這類人充當著連接的中轉樞紐，掌握著最重要的社交管道。

其次，**要區分不同關係的重要性**。

社交聯絡人具備多種特點，表現在通訊錄的標籤中，也表現在他們各自的角色上。對你來說，哪些聯絡人是必須優先對待的，哪些則可以放在後面，或者不需要定期聯絡？強關係和弱關係的聯絡都具備這一特徵，要對關係的重要性與不同的特徵進行分類，以便按圖索驥，節省精力。

從情感上來說，關係的重要性排名可能是這樣的：

一、父母、伴侶和孩子。

二、其他直系親屬、兄弟姊妹等。

三、關係親密的朋友。

四、對自己非常重要的主管。

五、事業上的重要客戶。

六、同事及其他人。

從利益上來說，關係的重要性排名會發生一個較大的變化：

一、影響自己的收入和職位的主管。

二、影響自己業務量的客戶。

三、家人、伴侶和孩子。

四、高品質的朋友。

五、工作中優秀的同事。

六、其他聯絡人。

管理這些情感和利益層面不同的聯絡人時，你會面臨對他們的重要性劃分。同時，你也會遇到一個棘手的問題：如果一些人構成了自己比較固定的社交網，隨著時間的增長，自己社交的流動性就逐漸喪失了。一個不流動和不開放的社交網，會讓我們很難與外面的關係建立弱連結，也就意味著我們的資訊是封閉的。

所以，必須使自己與外界的聯絡流動起來。比如，即便是辦公樓門口的一位普通保全大叔，他不在你的通訊錄上，也遠遠排不進你的重要聯絡人的排名清單，也要與他產生必要的連結。時常給他一個熱情而尊重的問候，或許就能在某一天為你帶來驚喜。這種驚喜不一定是利益層面的，但對你有利無弊。

正因為人的時間有限，精力也有限，我建議不要與所有的聯絡人定期交流，包括最親密的強關係。儘量不要設定強制性的固定交流，除非經常有業務的往來和工作上的合作。根據調查顯示，人們花在一些特定聯絡人身上的「最多時間」，並沒有帶來計畫中或設想中的回報；**人們有80%的社交投入僅僅獲得了不到30%的回報**。

這說明我們在社交精力上的管理是錯誤的——與其總是在強關係和熟人關係網中浪費大部分精力，不如分給弱關係一些時間，讓自己的弱連結流動起來。

一個最簡單的做法就是去關注自己強關係的周邊，比如公司的保全、快遞員、有業務聯絡的銀行經理，或者微博上那些經常回覆你、從未謀面的交流者。他們處在我們社交網的邊緣區域，卻是一座資訊的金庫。

制訂社交聯絡的「細節策略」

如何分配感情和利益？為了增強關係的活力，感情和利益我們應該先照顧哪一方面？換個方式提出這個問題：你是一個優先考慮利益的人，還是一個將感情放在第一位的人？前者會被視為勢利，後者則總顯得單純與天真。如何分配兩者間的關係，是一個比增加多少聯絡人更重要的問題。基本的原則是，在不傷害切身利益的情況下，永遠不要忘了展現出自己重視感情的一面。即使沒有任何利益關係，也要時刻閃耀人性的光芒，展現出自己的溫情與善良。

需要經常打電話嗎？不要每天與朋友煲電話粥，因為當兩個人的關係熱到一定程度時，一方突然冷下來就會造成傷害，比如你的工作忽然忙起來而減少了聯絡。

對任何關係而言，經常打電話都不是一個好的選擇。我的意思是，你要避免一些關係從弱關係升級為強關係。許多聯絡人保持在弱連結的層面，才是最有利的選擇——我們都需要時常不聯絡的老朋友（避風港），半年一起喝次酒的老主管，或者幾位不時帶來重要市場訊息的代理人等等。這些聯絡人都屬於流動性很強的弱關係，謹記不要把他們放到自己的熟人關係網中。

優先順序。在感情和利益方面，你都可以繼續細分，比如在重要性的層面中，我們可以接著劃分為最重要、一般重要和次重要的。在感情方面，可以將不同的關係劃分為一、二、三的層級，而父母妻兒要處於至高無上的位置，沒有任何聯絡人在感情方面比他們對自己更重要。

拜訪和問候。不定期拜訪重要的人，這是一個基本原則。但對生活和工作中的弱連結，我的建議是以不定時的問候為主。可以是一條手機訊息、微信消息，也可以是一次群組聊天中的招呼。重要的不是你在聯絡他，而是讓對方感受到你對他的關注。與其平時每三天聯絡一次，不如重大的時刻給對方發一條訊息，或給予致禮。後兩者所形成的積極印象更為深刻。

必要的拜訪和問候不能淪為客套的寒暄，討論與他們的生活和工作相關的話題是最佳選擇。除了熱門話題，我認為最引人注目的方式，是提出自己對某些問題的獨特見解，這能讓人立刻記住你的名字。

你會和他們分享哪一類資訊？在進一步的接觸和討論中，弱連結的發展方向往往是強關係，但這取決於你能與他們分享的資訊。溝通中，人們會自然地顯示出對你是好感、討厭還是沒有感覺，這也取決於你提供的資訊。

然而，一味地投其所好並不是一個好辦法，這種庸俗且極其大眾化的招數儘管總能收到一定的效果，卻無法為你塑造一種個性化的形象，對擴大弱連結的流動性其實是不利的。你要分享雙方都感興趣的話題——既是他的興趣，也是你的擅長之處，這才能找到你們之間的交集。

你想出名嗎？社會化媒體為我們聚集了近乎無限的弱連結，如果你想出名或者意圖增加曝光率，你應如何制訂互聯網社交戰略？人們對社交工具投入了大量資源，網路行銷已成為一個龐大的產業，但效果卻經常達不到預期。透支弱關係資源的結果是雖然可以「出名」，但不一定能給自己帶來計畫中的好處。

你應該避免過度使用微信、微博等平臺與粉絲互動。引發關注的方式必須是健康的，在一切變得透明的網路時代，加強弱連結的最好辦法，是透過這些工具提升自己的價值。

你的目的是什麼？最後一個問題是我們必須明確地知道自己開發弱關係資源的目的，這和交朋友的動機是一樣的。假如你是一名普通銷售人員或企業高管，你去參加線下聚會或者去上MBA班，這是非常有必要的。但你的主要目的應該是學習自己不知道的知識，結交一些優秀的朋友，而不是在他們身上賺到金錢或者其他物質收益。

如果你周圍有經常參加線下社交聚會的人，他們應該明白這兩者的區別——目的不純的交流只會讓你失去人們的關注。有經驗的會教給你很多關於這方面的事情。

為了生存和發展，人們可以做出任何事。但在社交關係的拓展中，好的社交只是高效地利用了自己的時間和精力而已。在沒有傷害到任何人的前提下加強自己的弱連結，要用你自己的誠意爭取更多人的關注。

看到機會，還要付諸實踐

最低廉的成本就是「感情」。所以深諳人際關係的高手總是強調必須動之以情，才能誘之以利。在實際行動中，「情」總是排在「利」之前。感情的連結能為你創造交流的機會；看到機會時，還要拿出實際行動，證明自己是一個可交之人，增強人們對你的關注。

人和人之間首先是情義的連結，其次才是利益。為什麼這麼說呢？因為我們與世界上的大多數人都沒有利益關係。我們關注這個世界，並非全然出於自己的利益需求，只是情感上想關注而已。出於同類之間的惺惺相惜，我們對別人的遭遇感同身受，所以那些悲慘的新聞總是聚集了大量的流量。

人們在關注、點評的同時，也為當事人的命運揪心。在這種關注度極高的社會新聞中，人們透過共同的情感建立了連結。

這將是我們與人打交道——建立任何聯絡之前就要確立下來的基本原則。實際上，透過人際關係網樞紐拓展的弱關係，由於利益的交集非常小，要獲得最大的關注，我們就需要對陌生世界展示自己友善的一面。

現在，人人都可以透過網路帳號擁有一個公眾形象。一丁點負面新聞都可能引發一次大規模的傳遞，產生病毒式傳播的轟動效應。

你希望自己在社交平臺上是薄情寡義的形象嗎？

你希望在別人眼中是睚眥必報的小氣鬼形象嗎？

你希望人們認為你是一個投機主義者嗎？

你願意讓陌生人在與你建立聯絡之前，就判定你是一個只在乎利益、冷漠的功利主義者嗎？

我相信，你絕對不希望發生類似的事情。**要想在社交中採取有效的行動，抓住「天賜良機」，獲得實實在在的收益，我們恰恰要先放棄「利益先行」的潛規則**，必須要以情示人，以情動人。這是一個人在社交中的長贏之道。

尋找你可以嵌入的社交活動

哪一類活動是我們可以融入的？

或者說，在選擇適合自己的社交活動時，判斷標準是什麼？

眾所周知，想擴大人際關係，社會活動是不可缺少的。不管是強關係或是弱關係，都需要透過一定的社交活動來增加聯絡人，擴大社交網，建立新的連結。最重要的是，在合適的社交活動中，我們能與別人聯絡感情，加強互動，得到人們的關注。這樣才能長久地接聽這個世界新的資訊，得到人們的幫助。

如果你不參加一些正確的社交活動，將會變得孤立起來。但哪些社交活動對你而言是正確的？

一、**不要妄想通吃**。一個錯誤的觀點是，人際交往能力強不強，要看一個人是否「通吃」。事實上，永遠不要妄想可以在任何社交平臺或社交網中如魚得水，沒有人可以做到。你要優先考慮與自己職業有直接或間接聯絡的社交平臺，見效顯著且方向明確，有利於你在短時間內獲得業內前輩、專家的指導，得到某些稀有資源。

二、**選對年齡層**。如果你是一個二十歲的年輕人，有兩點是需要謹記的。第一，儘量加入比你大的社交網，與成熟人士建立連結；第二，此時儘量不要與四十歲以上的人結成強關係。這一建議看似有違「常識」——人們通常覺得，早早地認識那些功成名就的人有助於自己的成功。但在我看來，長者固然有他們獨特的智慧和經驗，但二十歲時就混在這樣的社交網裡，你也可能失去本該蓬勃向上的活力。

所以，選對年齡層，多參加有利於補強活力、啟動能量的社交活動，從而提高自己的競爭力，幫助自己快速成長。

三、**契合但有區別的價值觀**。現在，不同年齡層、階層或知識群體的人都有自己的價值觀。最怕的是作為「七〇」後，你只認同「七〇」後的價值觀，又或者「六〇」後的人也成群在一起，所有價值觀一致的人形成一個封閉的小社交網。

價值觀的隔閡和孤立不會給你帶來任何好處，因此弱關係的第一要義，正是將目光定位於那些與自己的價值觀有所區別的人身上。既有所區別，又能聊得下去，這樣才能開拓我們的視野。

四、**合適的時間**。社交活動最佳的時間段是幾點到幾點？在我看來，任何晚上十點以後才結束的聚會都是沒有價值的。它意味著這個群體中沒有克制、理性或嚴謹的規劃，不要加入深夜聚會，它對你沒有意義，不會給你增加有趣的經歷，而且也有很大的機率「交錯人」。好的社交活動以下午為宜，最壞的社交活動則遊走於深夜。

在實踐中傳遞你的價值

看到好的時機，就要果斷地採取行動，與人們建立連結。在互動中注意方法，尋找並且建立自己的價值，然後把自己的價值傳遞給對方，與他產生資訊和價值的交換，並由此促成更多的連結，擴大自己的交際網。這是建立強大的弱關係網的基本邏輯。

我發現，現實中有一些人不敢實踐自己擬定的社交策略，竟然是因為「畏懼」那些比自己能力強的人。他們恐懼與強者交往，擔心自己將輕易地處於下風。究其原因，面子不是問題，問題是內心揮之不去的安全感和爭強好勝的心理。沒有人願意被陌生人或不太熟悉的聯絡人視為弱者，然後用俯視的姿態跟自己交流。

遇到這種情況時，你可以採取「主動出擊」的戰術。越是在自己羞於主動時，就越要拒絕逃避，坦然接納現實，用向上看的態度對待比你出色的人。例如，主動求助就是一種高效的行動。你可以試試主動開口說：「你好，我遇到一個問題，它是這樣的，不知道你是否可以幫助我？」

然後，看看他有何反應。至少這給了你們一個更深入瞭解對方的機會。更重要的是，主動求助的行動最容易釋放自己的善意，換來對方的理解。

但是，永遠不要犯下這些錯誤：

一、問題很簡單，但很愚蠢

有些人喜歡問一些非常容易回答，但十分愚蠢的問題，就像今天的一些媒體工作者。他們採訪一個名人時，脫口而出的問題總是那些大家都清楚的事情，且已經包含了答案，這讓對方難以回答，且顯得他自作聰明。

為了避免這個潛在的錯誤，當你不確定問題是否恰當時，可以加上一句：「我覺得問這個問題可能不妥，但我確實希望得到您的指教。」用坦誠的態度給自己加一點分數，效果會更好。

二、問題在讓對方做問答題，而不是選擇題

問答題的形式是讓對方回答「是」或「不是」，這樣的溝通有點咄咄逼人的意味，不再是求助而是逼問，那就背離了我們的初衷。最好的方式是在提問時，同時說出自己的幾種不同的想法，請對方給予分析。這能讓他感受到你的尊重，在回答問題時也有充分的參考依據。重要的是，他能看到你是一個善於思考的人，利於你們之間的進一步交流。

三、喜歡試探對方的誠意

主動試探對方絕對是一個天大的錯誤！遺憾的是，世人大都擅長這種小聰明，看似保護了自己，實則在一開始就斬斷了你們之間的任何可能性。

不要試探對方的誠意，因為沒有人是傻瓜，他能感受到你狐疑的態度，並立刻產生憎惡的情緒。

相對於強關係，在弱連結的交流中，彼此的時間都很寶貴，所以認真點！從第一秒鐘開始，就不要虛偽，而應該認真、嚴肅和滿含尊重地交流。你要知道，公認的聰明人永遠比你想像中的更聰明。一旦和對方建立了連結，有了交流的機會，就鄭重地詢問，仔細地聆聽。

如果有不同的看法，要與對方討論，這是好的進展。在給出你的回應時，先表達感謝：「謝謝你的啟發，我想到了新的東西。」這正是實踐的表現，也是一種可以促進弱關係拓展的積極行動。

最大的誤區是「口才決定一切」

增強社交能力／拓展人際關係的最大誤區，是人們覺得只要口才好就可以擺平一切。在許多場合的討論中，不少人堅信：他可以憑藉出眾的口才來征服對方，說服人們成為他的朋友；他用一張嘴巴就能打遍天下，獲取自己想要的一切；他覺得表達能力是社交的根本，除此之外的技能無足輕重。

流行於這個世界的「口才好」、「誇誇其談」或「滔滔不絕的講述」等方法，真的能讓自己成為受人關注的對象嗎？也許確實可以提高關注，但更大的可能是成為一個小丑。三寸不爛之舌的確是一個游刃於交際場合的低成本利器，但這不是我們擁有的真正價值。好的口才可以暫時說服一些人，但你無法讓這些關係長久地為自己所用。

所以，當你決定行動起來，用強有力的行動創造強大的人際關係時，切記不要使自己的魅力流於表面。要讓人們可以在你這裡獲得一些持久的、富有內涵的價值。要學習並擁有這樣的品質，任何時候開始學習都不晚！

總結：從尋找樞紐到充當樞紐

對於任何一個希望擁有出眾的社交關係的人來說，我們拓展弱關係不僅是為了拓寬自己事業發展的道路，從豐富的弱連結中獲得稀有資訊，找到發展的機遇，同時也是為了使自己能成為一個關係和資源的中轉站。

在擴大社交連結的過程中，要從尋找樞紐向充當樞紐過渡，在不同的社交網間建立「超級連結」，讓自己得到更多的機遇。

拓展弱關係要考慮性價比。任何事都不能不計成本地投入，社交當然也是如此。在這個競爭激烈的互聯網社會中，各種社交工具層出不窮，新的社交理念也比比皆是；公說公有理，婆說婆有理，我們要結合自己的實際情況，選擇和制訂最合適的一種社交戰略。通俗地說，要考慮投入和產出的性價比。

幫助別人成功，讓自己成為走向成功的連結。如何才能經營好弱關係網？最佳的策略是，你要擁有幫助別人成功的能力，特別是幫助那些處於自己熟人關係網外的人。能讓熟人過得更好的人到處都是，他們因自己的成功而惠及親朋好友，但能讓陌生人也成功的人，則鳳毛麟角。後者才是真正的成功者。

在你的幫助下，別人的成功就是你的成功。弱關係是我們的間接資源，他們因你而升值，你也會因此獲得百倍的價值。所以，要經營好弱關係，我們首先得成為能幫得上別人的有用之人。

要讓自己既是弱關係資源的索取者，又是貢獻者，與外界交換資訊，各自的視野得以開闊，能力得以提升。

以自己為中心，建立弱關係的「超級連結」。在互聯網參與下的社交場景中，我們必須有一個全國性乃至世界性的社交戰略，要讓網路所及之處均成為你的關係資源。以自己為中心，建成一個四通八達的關係連結網，創造「超級連結」，這是我們的終極理想。

Part 06

挖掘需求交集

如何建構弱關係資訊網

主動聯絡他人的人也會被別人聯絡

社會漸漸地變得開放與多元，我們交朋友的機會增加了，方式也開始多種多樣，效率與過去相比大大增加，但人們反而在社交中出現了一些新的壞習慣，比如不信任和冷漠。

由於對陌生人的不信任，許多人從不主動聯絡熟人之外的關係，哪怕工作有需要，他們也會三緘其口，或封閉心門，極少能做到坦誠交流。

還有些人則屬於思想觀念的問題。他們覺得，在社交網以外的弱關係上面投入過多精力是不值得的，回報也不明朗。因為弱關係具有連結鬆散、維持時間短的特點——大多只是一面之緣，或只短暫合作一、兩次，沒有長久聯絡的必要，自然不如投資強關係划算。因為強關係的維繫時間長，大多是自己的親朋好友，是需要定期聯絡、聚會加深感情的。在傳統觀念中，主動加強對熟人關係網的投資才是正確的。這一認識在人們的觀念中不可動搖。

但是，如果不改變這樣的觀念，未來你就很難真正有效地開發弱關係，還是只能活在一個狹窄的熟人關係網中，無法適應這個新的時代。

改變觀念的第一步，就是讓自己變得主動起來。要主動走出家門，跳出熟人關係網，重新審視自己與陌生人之間的關係，看看過去自己對待這個世界的態度哪裡出了問題，然後問自己：

「我是不是對這個世界太冷漠了？」

「我應該怎麼做，才能得到人們的熱情回應？」

有一個名叫麥克的紐約人，他每個月一領到薪水，都會先買三雙手套，並且保存起來。他自己不戴，一直保存到寒冷的冬天來臨，就把這些手套拿到大街上，沿途發給那些沒有手套的行人。他和這些行人素昧平生，互不相識，但他挨個兒分發，並不因為他們的長相、性別或年齡而區別對待。

收到他惠贈的人都很驚訝。「我需要付你多少錢？」

「哦，不要錢，和我握握手就行了。」

麥克的收入不高，但他堅持每個冬天都這麼做。他的善行很快傳遍整座城市，以至於從美國東部傳到了西部地區。之後，每年都有人寄來手套，請他幫忙分贈給街上沒有戴手套的人。麥克的這個舉動，給冷漠的紐約帶來了無限溫暖。他成為關注度極高的公眾人物，進而人們都希望瞭解他的故事。

這個小夥子經歷了什麼，才會有如此讓人尊敬的善心?後來人們瞭解到，麥克從小在經濟大蕭條的環境中長大，家庭窮困，到下雪的冬天根本就沒有手套可戴，常常裸露著雙手出門，嘗盡了凍手的痛苦。因此，他的父親曾經教導他：「孩子，你永遠不要使自己失去施愛的樂趣。」

「施愛」的行為便是一種「種因結果」：我們收穫了什麼，取決於付出了什麼。我們過去的經歷，是今天行為的依據；而我們明天的收穫，則是由今天的付出決定的。麥克主動地向陌生人表達善意，用實際的行動表達自己對他人的關懷，表現了他高貴的品格，最後他也收穫了善報——成為全美人人稱頌的人。

主動施予，種因結果

對和自己沒什麼關係的人主動施予，提供幫助，是一種常規而有效的社交策略——重要的是不僅要視之為策略，更要將施予作為自己的本性，讓更多人感受到自己內心的善。既然世界的「惡」是你無法迴避的，為何不用自己的「善」帶給人們更多的溫暖呢？主動施予可以讓你成為黑暗夜空中一顆明亮的星星，讓人們都看到，並驚訝於你的光芒。這就是一個人最大的吸引力，也是一個人成為社交核心，並讓人矚目的高貴的人格魅力。

在今天的叢林世界和互聯網時代，多數人都在過度地保護自己，而「善」已經成為一種稀有的品德。若你能經常表現出這樣的優點，將從社交中受益無窮，願意回饋你的人會非常多，會大大地突破你的熟人關係網。

有一位曾經患口腔癌的澳大利亞婦女，做了幾次大手術才擺脫了病痛的折磨，但她不知餘下的生命還有幾年，因為復發的可能性很大。歷經這次苦難，她立志要幫助別人。有一次，這位婦女在公車上遇到了一個被毀容的女孩，於是主動上去打招呼，詢問她的情況，陪著她到處尋找醫生、治療，鼓勵她忘掉被傷害的痛苦，重新開始生活。

在她的努力下，這個女孩走出了傷痛，兩個人成為無話不說的好朋友。從這樣的行為中，她收穫良多。因為幫助他人戰勝各種各樣的困難，她自己也由此愈加堅強，最後，她自己的身上也發生了奇蹟——多年以後，在不知不覺間，她發現自己已經痊癒了，完全消除了癌症復發的可能性。

在公車上，你有沒有主動地給老弱婦孺讓座？

在請人維修浴室、廚房設備時，你有沒有主動倒一杯熱茶給師傅？

在擁堵的十字路口，你有沒有主動禮讓對面的來車？

在亮起綠燈的斑馬線，你有沒有熱心地扶一位老人過馬路？

在流覽微博或論壇資訊時，你有沒有主動聯絡那些遇到問題的求助者，提供你知道的資訊？

這些行為可以表現出你的愛心，屬於主動而積極的聯絡，能為你樹立正面、健康的形象。一個小的舉動，就會讓社會更溫馨，讓你自己更愉快，並讓你多了一個或幾個弱連結，擴大了自己與這個世界的接觸面。

抓住每一個主動展示善意的機會

現在開始想一想：我們可以在哪些方面表達自己的善意，並把善意和愛心在公眾面前展示出來呢？如果有機會，我們該如何實踐？

有很多事情可以做，比如：

公開捐贈一筆善款給慈善組織，但不要刻意地隱藏或炫耀此行為，要讓人們自然而然地發現。

受到別人的幫助時，不管是精神的鼓勵、資訊的分享還是物質的支持，不要忘了送給對方一個小禮物，表示你的謝意。

無償地分享資訊、出出主意，捐一些錢給那些走投無路或急需指引的人。現在流行的募資就是一種透過開發弱關係資源進行的商業募款。

點讚與轉發是舉手之勞，這可以表示自己的善意，引起對方的關注。

主動與陌生人交談，比如在書店遇到大雨，在公車站、地鐵上發現合適的時機，都是留下聯絡方式並建立弱連結的好機會。

同在一個社區內，主動做一些分外之事，比如清理樓梯間環境衛生等。……

生活和工作中處處都有展示善意的機會。當你能糾正過去的觀念，肯拿出實際的行動時，以往步步維艱的人際關係可能就會柳暗花明。

開發互聯網的弱關係寶庫

人和人關係的本質，是因為產生了生活和工作的交集而導致的互助行為。在沒有互聯網之前，現實中，人和人的互助行為並不頻繁，多數發生於能夠近距離交流的熟人之間。一千年前，我們與千里之外的人聯絡一次，不管是見面還是寫信，都至少需要數月；直到一百多年前，人類才發明了電報和火車，聯絡一次最快也要幾個小時。

在這種極慢的聯絡節奏中，可以面對面接觸的強關係幾乎是我們能依賴的全部，弱關係的價值是可有可無的。

但在新型的互聯網社交出現後，能夠即時通訊、交流與進行群組溝通的網路，成為人和人互助行為的主要平臺。從這時起，互聯網也就成了弱關係最大的寶庫，並使社交形態與過去相比出現了一些革命性的變化。

一、扔掉名片，我們迎來了網路標籤時代

傳統的社交觀念中，送出名片、拿到名片並交換聯絡方式是一件很普遍的事情。我們出去見到陌生人、客戶，當對方遞出名片而你卻沒有時，往往是一種尷尬的局面。十年前甚至五年前，在做生意、談業務、交朋友等社交行為中，名片都是不可缺少的，是身分的象徵，就像現在的人隨時可以報出自己的微信號一樣。

不過現在，隨身攜帶的紙質名片對社交已經無足輕重了，因為名片並不能讓人和人發生即時的連結，社交軟體卻可以。互相加一下微信好友，成了比名片更有效的方式。

我們可以將微信、Facebook 等社交帳號作為一種展示個人形象的標籤。互相加為好友後，我們就有了一個可以即時聯絡的聯絡人，可以用這種方式撒網，積攢自己弱關係的數量。

人們拿到名片後有可能隨手扔掉，或者乾脆放到一個角落任它蒙上灰塵，半年都不會聯絡一次。而且你給了別人名片，對方也未必願意跟你聯絡，並不一定會接你的電話。但在網路社交中成為好友後，你主動發送的資訊他可以看到，然後根據自己的情況，酌情做出反應。同樣，他也可以給你發送資訊。

拒絕聯絡在此時成了一種無法沉默的行為，無論做什麼，你都能從交流中感受到對方的態度。至少，你能讓對方看到自己的想法。

二、讓一切都變得新鮮，迎接、適應和製造變化

在市場行銷領域有一個理論：Make new things familiar, make familiar things new. 意思是，讓新事物看起來熟悉，讓熟悉的事物充滿新鮮感。該理論歸根結柢，講的是「變化」——**生活和工作都是變化的，每一天、每一刻和每一件事也都是充滿變化的**。所以，不要讓我們生活的世界失去新鮮感，也不要讓自己失去適應變化的能力。

十幾年前，賈伯斯在介紹蘋果公司的第一個 iPhone 產品時說，這是 iPod、phone、iTunes 的結合，而接下來的新款產品則會一直強調變化在哪裡。就像賈伯斯這樣，為世界帶來變化，同時讓自己熟悉變化。

賈伯斯因為創造了變化而聞名世界。那麼你呢？當互聯網社交出現時，你對這個變化莫測的世界有什麼認識呢？

我一直覺得，互聯網帶來的弱關係社交就具有這樣的特點。社交和賣東西是相通的，所以我們要把自己不斷地更新換代，每天與過去不同，並使自己的關係庫流動起來。要讓人們知道你是不斷更新的，也要更新我們的聯絡人，更換不同的連結，獲取不同的資訊——最新鮮的資訊。這是互聯網能夠給予我們的。

利用社交媒體「廣撒網」

微信、微博等社交媒體是我們開發互聯網弱關係的寶庫，你可以充分地利用這些平臺播撒資訊與聯絡的種子。比如，大多數人都會透過手機在微信上更新自己的狀態。

女生在這方面就比男生做得更為出色。她們每天會在微信上與人互動，隨時發布新的內容，增加人們對自己的瞭解。男生則多少有點忽視互聯網平臺——他們中的多數人可能很少在社交軟體上廣撒網，仍然局限於自己線下建設的強關係。例如：女人們喜歡在微信上與好友溝通，男人們則傾向於晚上下班後呼朋喚友，一起找個地方喝上一杯。不同的交流方式，在一定程度上呈現了他們對待社交平臺的不同態度。

為了加強社交媒體在自己生活中的比重，你可以從現在起變得主動一點，在不熟悉的情況下，瞭解一個人、同時展示自我的最快途徑就是微信、微博、Facebook 等社群平臺。人們在加一個人為好友前，通常會去這些地方看看對方到底是一個什麼樣的人，看完之後產生一個初步印象，才會決定是否與他建立連結。

所以，要善用新型的社交媒體，它們是我們與弱關係之間的橋梁，是增加弱連結的一個絕佳工具。在社交媒體上，我們與人溝通也方便快捷，比線下交流的門檻更低。例如，一張旅遊中的自拍照就能幫助你與許多人發生聯繫——假如他亦是旅遊愛好者，這就是雙方都感興趣的話題。隔著千里，你們就能交流旅遊的經驗，在未來就此問題互相幫助。

利用互聯網技術精確傳達資訊

互聯網能讓你以精確的方式檢索到自己需要的資訊，以及自己真正需要的關係。在最短的時間內找到他，然後單獨地向他發送資訊，得到他的幫助。

我可以舉一個很實際的例子：諮詢。有的人想解決生活中的問題，想找人傾訴，求人出主意，但他的熟人中沒有合適的人選，或者說他不希望讓熟人得知自己內心脆弱的一面。比如，他跟女朋友有矛盾並因此差點分手，這時他就可以在社交軟體搜索那些情感領域的專家，然後向其求助。

諮詢可能是免費的，也可能是付費的。當問題解決完以後，他們之間的聯絡便可中止。他解決了問題，也沒有讓熟人知道這些隱私，心理上沒有任何負擔。現在，類似的平臺與服務越來越發達，已經變得非常普遍。

這就是互聯網給社交帶來的好處，它提供了一個龐大的、近乎無限的弱關係庫，並且能夠讓我們精確地找到自己需要的資訊，與相關的資源快速建立有效的連結。但是現在，尚有為數不少的人並沒有意識到這一點，他們仍然每天與最好的朋友交流，在熟人中經營自己的生活。

排斥互聯網是一個保守的選擇，看似安全，實則並沒有推動自己人生的進步。

用最廣泛的交集形成弱關係庫

熟人關係網的社交建立於你們之間日常生活的交集上，互聯網的弱關係社交同樣有它特定的交集。實際上，任何一種社交聯絡的基礎，都是你和對方之間產生了某些交集。它可能是生活，是工作，也可以是商業性的。

但要注意的是，展開互聯網社交時，如果你想產生最大的效應，就要務必保證你和人們之間形成最廣泛、人數最多的交集，就一個共同的問題、興趣或關注點可以連在一起，產生一個網狀但有中心點的連結。

前不久，我在和一家天使機構的負責人一起聊天時，對方提到了目前剛在中國興起的募資現象——互聯網融資。我當時想到的第一個詞就是「弱關係」。例如，發布在京東上面的許多募資項目就是在創建一個交集區域——對這個專案感興趣的人會共同聚集到這個頁面，形成一個短暫但數量巨大的連結。如果你喜歡這個項目，希望他成功，你就可以捐獻一定的金錢。

這位天使機構的負責人說：「我從中看到的是一種趨勢，也許再過十年，天使基金就可以不必存在了，因為這種透過互聯網進行的募資，在理論上是沒有資金上限，每個人都可能給予支持，這比銀行或投資銀行的能量強大太多。」

「商業募資」讓我們看到了弱關係在互聯網上一旦被開發利用，會產生多麼強大的力量！問題是，如何找到與多數人的交集？這個交集區域必須具有廣泛性。意即，你要做到讓越來越多的人對你產生興趣，只需一個網頁即可，而不必線下當面驗證。開發互聯網弱關係庫的難點在於此，而不是我們能否實現某些雄心壯志。

當陌生人需要用錢對你投票時，是真正考驗一個人的價值和可信度的時候。你有信心通過這樣的考驗嗎？

創造「流動性」的弱連結

六度人際關係的社交理論已經在全球風靡了許多年。社會學家也分別在一九六七年、二〇〇二年和二〇〇八年進行了三次實驗，分別透過文件、電子郵件和MSN社交軟體的資料做了詳細的分析，每次實驗都驗證了六度分隔理論的存在和正確性。

比如，一封電子郵件只需要透過平均4.05人（跨國的話也不超過7人），就可以發送到一個完全陌生的目標人手中；一封文件或信件不超過6個人，就能從歐洲的一座城市送到美國中部一座小鎮、與發信人毫無關係的人手中；在世界範圍內的任意2個MSN用戶間的平均分隔度則是6.6個人。

這些人之間全部屬於弱關係的連結，就像你和歐巴馬、普丁或聯合國祕書長之間的連結，最多也只需要6個人。

在這些陌生人間進行的傳遞實驗中，未能完成的傳遞只有0.3%，原因是中間的發信人不知道究竟要傳給誰；絕大多數的中斷者僅僅是因為自己忘記了向下傳而已，而不是找不到下一個收信人。

六度人際關係理論充分說明了連結的流動性，我們在自己的社交中，特別是透過互聯網創造的連結，就是流動性的——它完全不同於強關係的黏性與牢固性，而是始終尋找下一個傳遞的目標，建立新的連結，使我們的資訊庫保持新鮮，並維持擴張性。

另外我們觀察到，在流動性的弱連結中，一些人際關係中轉站在整個關係網絡中扮演了極為重要的角色。這些人（社交平臺）承擔了重要的使命——成為不同社交網的橋梁。我們生活和工作中絕大多數的連結都是透過中轉站串聯起來的，但中轉站的力量並不是來源於他自己，而是他所擁有的無數弱連結。在他那裡，有無數的接觸點，供我們與別的社交網連結起來，打開進入另一個世界的大門。

因此，要創造源源不斷的弱連結，我們就要爭取使自己成為一個中轉站，或者盡可能離中轉站近一點。我們要在可以聚集流量的社交平臺據有一席之地，要為自己建立龐大的弱連結，然後融入更大的網路。這正是我們每個人都可以做到的。

以雙向的聯絡為基礎擴展空間

如何做到雙向的聯絡？如果你覺得一個人很有意思，就要和他交流，而不是只接收他的資訊卻不做出任何回應。只有做到了雙向聯絡，才能將「連結」轉變為「價值」，實現雙方的資訊交換。不斷地雙向聯絡，就能推動我們的弱關係網向無限的空間擴散。

就是說，雙向的聯絡使人和人的關係實現了雙贏（win win），避免社交變成一個乏味、功利和短命的零和遊戲。

北京有一位方先生對自己的人際關係很不滿。他特別煩惱地對我說：「我朋友很多啊，但是感覺沒什麼用。我微信有上千好友，微博有幾十萬粉絲，其他社交帳號也有上萬關注者，但我發現自己到關鍵時刻就找不到人了。比如我想找人瞭解些專業知識，不是沒人回覆我，就是過好幾天才有答覆，這說明沒人重視我！」

方先生犯了什麼錯誤？

第一，他重視互聯網對社交的作用，加了大量的好友，這從數量上可以看出。

第二，他對這些連結的管理是單向的，平時沒有互動，總到需要時才聯絡，效果就不會太大了。

現實中，許多人都和方先生一樣：到處增加聯絡人，可能每週加十幾個，一年下來就從無到有，好友變成幾千個，卻沒有互動。這對社交來說是致命的——你可以很長時間才聯絡一次，但萬萬不能加了以後就不說話。至少，你需要在一開始就進行兩到三次的雙向互動，讓雙方有一個基本的瞭解：

——你是誰？我是誰？

——你做什麼？我做什麼？

——你需要我做什麼？我需要你做什麼？

更關鍵的是，要透過互動達到一個重要目的：判斷這個人是否與自己志趣相投，是不是一個好的交流對象？社交並不需要「心機」，很多時候人們都會做出無意識或本能的反應。也就是說，很可能你給他留下的第一印象、說的第一句話、發送的第一個聊天符號，已為你們未來的關係打下了基礎。

所以我們一定要將每一種關係都變成雙向的聯絡，發生有趣的互動。互動能讓我們的關係流動起來，在互動和流動中，由一種連結創造新的連結，然後產生新的機會。

讓資訊流動起來

在社交互動中，發揮關鍵的推動作用的，總是資訊而不是溝通技巧。技巧永遠是為內容服務的，如果你無法提供別人感興趣的資訊，你就打動不了對方。波士頓一家公共關係諮詢公司的顧問克林格說：「如果你注意觀察那些讓你覺得『很有意思』的人，你會發現他們的談吐富含趣味性，能讓人大開眼界，學到很多自己不瞭解的事情。」成為一個可以提供新鮮資訊的人，就能極大地帶動自己弱關係的流動，增加關注度。

我的很多朋友都有這種感覺，他們做生意認識許多陌生的人——也許每個工作日就能收到十幾張名片，加幾十個微信好友，但在半年後仍然讓他們記住的人，都不是那些口才最好的，而是在交談時最有「料」的。在一種穩固的關係中，總有雙方需要的資訊在流動，彼此提供有用的資訊。

第一，開闊眼界，從互聯網學習新的知識、努力融入新的環境，是我們要一直追求的。落後於這個時代的人，無法為別人提供資訊，自然就乏人關注。

第二，提高自己社交中的趣味性，不要總是那麼「一本正經」，改變這種傳統的觀念吧！讓自己成為一個有意思的人，你會發現關注你的人增加了很多。

第三，不要封閉，也不要對向你求教的人守口如瓶。假如你知道一些事情，不妨多向人提供幫助，對你來說這是舉手之勞，卻能幫別人解決很大的問題。

對陌生世界保持開放心態

我深深地熱愛著這個世界，因此這個世界也會愛我。

我始終堅持成為一個有趣的人，因此我也能吸引到同樣有趣的人來關注我。

我真誠地讚美那些我喜歡的人，因此他們也會來讚美這麼真誠的我！

多年來，我一直堅持開放式的社交文化。不管在與人交往時遇到多大的誤會，遭到了多麼難堪的誤解，我都沒有放棄過這個原則。因為我清楚，只有當你長時間地對世界保持開放和真誠時，世界才會在最後給你一個同樣溫暖的回報。

在新的觀念中，我們要對社交的目的稍作更改——當你參加一個社會活動時，交往的興趣不是那些已經認識的人，而應是那些你尚不認識的陌生人。要用我們的眼睛和心靈關注陌生的世界，那裡潛藏著這個世界99％以上的奇妙之處，都是你尚未瞭解的。如果你能勇敢地走向它，你的人生將得到徹底的改觀。

有一份研究顯示，僅有不足10％的人會重視社交媒體對陌生群體的作用，有90％的人僅僅把社交媒體作為熟人關係網的交流工具。而這可能是弱關係社交難以真正發展起來的根源之一。我們就像習慣溫室的孩子，熟悉了房間內的一切——玩伴、玩具和親人，而對房間外的人和物充滿警惕。例如，人們總覺得陌生人是危險的，所以陌生世界也注定很不安全。

出於對安全的考慮，或者與每個人的社交喜好有關，陌生群體和弱關係資源在互聯網時代仍不受主流人群的重視。但不管如何，不願意走出溫室，對大多數人而言，都是他們難以為人生帶來顛覆性改變的根本原因。

除了個體之外，企業對弱關係資源的開發似乎也不如預測中樂觀。克林格透過研究發現，在二〇一五年時，只有40%的大型公司具有相當於一個企業規模的內部Facebook網路，有60%的企業仍然對鼓勵員工使用社交網路的做法抱持排斥態度。這正是大多數企業失敗的主要原因，企業內部超過70%的人忽視了社交網路的作用——對內部合作、上下級溝通和陌生客戶的開拓等不可估量的強大作用。

企業家、中階管理和雇員本身都不提倡使用社交網路進行發展，或者不建議將社交網路置於至關重要的位置上，這無疑阻礙了我們開發陌生世界的速度，錯失了大量的機遇。

我們知道，很多成功人士都實現了工作、生活的完美平衡。他們共同的特點就是有一種觀念上的共識——他們明白開放的態度有多麼重要，尤其是在對待社交網路的作用上。承認社交網路對於一個人、一家企業融入世界的影響，就等同於承認互聯網時代工作方式的巨大變化。在這種變化中，開放性已不可拒絕。**誰拒絕與陌生世界的連結，誰就會被這個時代淘汰。**

要迎接變化，不要抵制變化

克林格說：「當變化到來時，不要抵制它，要靠近它並懂得如何在變化中充實自我，融入這個新的世界。對於企業和個人來說，對待全新世界的方式，決定了我們能否適應新的時代，而不是被它抛在後面。」

我們可以舉一個真實的例子。飛利浦是一家引領全球消費者生活方式的企業，它的前任首席資訊長（CIO）馬騰德佛里斯早就意識到，互聯網社交網路將極大地改變企業經營的方式，也將把過去的溝通與行銷觀念擊得粉碎。因此，他鼓勵員工使用網路平臺開拓工作，與客戶溝通，比如Facebook、Twitter和Yammer等。

他說：「如果你們發現不需要走出辦公室就能和客戶輕鬆地聊天，那麼就大膽地使用這種工具。」

社交網路讓企業的內部溝通與外部行銷發生了翻天覆地的變化。當飛利浦發現這方式的好處時，選擇了跟上變化。馬騰德佛里斯讓團隊保持開放性，探索企業合作的解決方案，最終選擇了 Socialcast 作為企業的社交網路。

於是，他們在短短的八個星期內，就超過了前一年底制訂的1萬個使用者的目標。在社交網路的幫助下，他們對陌生市場的挖掘能力強大得驚人。

因此，我建議：

第一，你需要對社交環境在未來的動態變化具有超前的思維和判斷力，要看到它對我們的生活、工作正在產生的強大作用。

第二，你要去思考如何利用社交網路協助自己成功地開拓新業務、認識陌生客戶，而不是盲目地抵制互聯網社交平臺給自己帶來的「打破熟人關係網後的不適感」。

「意外之喜」來自於我們開放的心態

一九九一年的八月，成長青從美國的舊金山機場飛往蒙特婁。在飛機上，他遇到了一個似乎在某個聚會上見過的人。隨後，他決定主動過去打招呼。經過一番寒暄，兩個人開始互相交流各自的工作和生活。

這個看起來有些陌生的朋友正是多倫多道明銀行的人事部經理，在瞭解了成長青的性格和能力後，他主動邀請說：「我認為你是一個很優秀的人，不知道有沒有興趣到銀行工作？我們銀行正需要一位你這樣的高級客戶經理。」

於是，成長青加入了加拿大多倫多道明銀行，擔任高級客戶經理，負責協助電訊業和礦產業企業做融資業務。在多倫多道明銀行的兩年，為他今後在金融行業的發展打下了堅實的基礎，而這次機會正是來自一次跟陌生人的「偶遇」，以及他本身就很優秀的社會交往能力。

現實中，我們每一個人從早晨睜開雙眼到深夜躺到床上，這期間的十幾個小時所算計的、努力的、祈盼的，似乎都在渴望獲得某種人生的「意外之喜」：

走投無路時，突有貴人相助。

苦思無策時，忽然天賜良機。

正想換工作時，接到薪水豐厚的邀約。

……

諸如此類，人們總想渴望獲得額外的幫助，尤其是在用盡自己資源依然難以取得成功的情況下。有多少次，你是在深夜的陽臺上抽著悶菸，期盼發生這樣的奇蹟呢？但是，如果你對於接觸陌生人和外界社會始終懷著一種保守與排斥的態度，不願相信陌生人，不想與他們建立連結，又怎麼可能有機會得到意外的收穫呢？

能收到意外之喜，首先要對外部世界持有開放與包容的態度，而不是拒絕、警惕與排斥。你不關心陌生人，不對世界展示你的善意，不能接受環境的變化，就等於關閉了融入未來的大門。那麼，在你的人生中就很難有什麼驚喜了。

陌生人計畫

如何讓自己用正確、健康與安全的方式融入外面的陌生世界？簡化於行動上，我們需要的是一個有效的策略。

跟陌生人打交道與跟熟人打交道不同，除了考驗你的人際交往能力之外，還涉及心態、技巧、涵養等多個層面的問題。陌生人對你來說是弱關係，你對於他來說也是弱關係。每個人對於弱關係的需求是不一樣的，同時又決然不會很快地讓你看到底牌，這種局面是由人性決定的。

因此，與陌生人打交道，我們需要一份計畫：

一、要仔細地觀察與分析雙方的需求。一般來說，我們可以在建立連結之前就有理性的判斷與觀察，透過分析，找出與我們的需求相近的人，再嘗試與他們發生聯繫。最好的情況是，我們與陌生人有兩、三個可以切入的話題，以及相同數量的共同需求。

二、要比對方更坦誠與從容。越是對陌生人，就越要直截了當和大方自然。不要繞彎子和顧及面子，這不是一個好方法。無論你要給予的資訊有多糟糕，或者要面對多麼艱鉅的現狀，第一時間坦誠地告訴對方，從容地應對接下來要發生的事情。坦誠讓我們贏得尊重，也能讓自己處於從容的境地。

三、要用開放的態度占據主動。在與陌生人交談和共事的時候，應該要透過開放式的形式讓對方看到無數的可能。封閉和保守只能置你於被動，開放才能使我們占據引導者的主動位置。直白地說，接下來會發生什麼？爭取讓自己說了算，表現出掌控力，弱關係對我們才是有用的，方能任你取己所需。

四、要儘快找到雙方的交集，而不可涉及隱私領域。不要強求對方討論他不熟悉的話題，或者只是索取而不能提供對方需要的東西。這要求我們從一開始就找到雙方的交集，並且盡力避免涉及雙方過於私人的事情。不要讓對方感覺你會侵犯他的隱私，要讓自己成為一個可以給人安全感的人。

五、要專注，並讓對方感覺到。專注是一種優秀的個人品質。在與陌生人共事時——聊天或工作，無論周邊的環境是否嘈雜，我們都應該百分之百地保持專注，並讓對方感覺到這種專注。因為專注是對一個人最好的尊重。

當然，在我們的「陌生人計畫」中加入開放心態，並不是要你輕易地相信陌生人，或者到處隨意地結交新朋友。開放是一種嚴肅的態度，代表著我們寬闊的視野與接受多元文化的好奇心，而不是「降低我們的智力水準」。

在開放的基礎上，我們再去提高自己的「社交才能」：

外向的處理方式——對外界的變動保持敏感，能聽出一些弦外之音。

強大的理解力——能夠理解與包容與自己價值觀不同的人。

掌握批評的才能——善於委婉有效地批評他人，並且可以接受批評。

高超的情緒管理才能——有穩定的情緒和良好的自控力。

美國國際數據集團（International Data Group）是全世界最大的資訊技術出版、研究、發展與風險投資公司，它的亞洲區總裁熊曉鴿就是一個很擅長與陌生人打交道的人，他擁有卓越的聚攏弱關係的能力，因此才能加入這家公司。

一九八八年中秋，熊曉鴿在弗萊徹學院讀書時，時任中國信託集團公司董事長的榮毅仁應邀來演講。在這次宴會上，國際數據集團的董事長麥戈文在和榮毅仁的交談中，熊曉鴿正好是兩個人的翻譯。就這樣，他認識了麥戈文。

畢業以後，熊曉鴿給麥戈文打電話，想採訪一下這位有過一面之緣的「陌生人」，聊起了對中國市場的看法，他們聊得非常投機，相見恨晚。

於是，兩個人很快就見面了。麥戈文拿出了一本《電腦世界》，請他寫一份雜誌的業務分析報告。幾天後，麥戈文回覆熊曉鴿：「你的報告寫得非常之好，我現在正式邀請你加盟IDG。」

熊曉鴿憑什麼打動了麥戈文？對一個陌生人來說（雖然做過他的翻譯），短時間內就做到深入瞭解是不可能的，對方也不可能投入太多的精力和成本，對他做一次全面深入的調查。決定最後結果的是他給予對方的第一印象，這是打動陌生人的關鍵部分。在這個過程中，熊曉鴿充分地展示了自己對行業的見解，並表現出了不凡的溝通技巧，然後收穫了一個大禮包。

如何「小成本」地開展你自己的「陌生人計畫」，是一門複雜的藝術。但只要你明瞭弱關係的本質，懂得駕馭這樣的過程，及時地與對方形成資訊交換，展示自己開闊的視野與真誠的態度，我相信，任何人都能獲得一個良好的結果。

開闊自己的眼界

我們需要對外開放自己的心態，也要開闊自己的眼界，瞭解新的知識，學習新的技能。要改變過去保守的觀念，尤其是「覺得自己已經很聰明了」的優越感，積極地向身邊的人請教，參加他們的討論，並在陌生人面前保持虛心。

眼界狹窄造成的危害是什麼？我有一次參加某個商業論壇，與會者有幾百人。我們知道，在這樣的大型論壇上，90％的人都是「陌生人」——有些人你根本不認識，還有些人則是聽說過名字，看見過照片，但你們從來沒有交流過。

在這樣的環境中，為了引起更多的注意，有的人格外積極地表現自己，但卻採取了錯誤的辦法。

有一名創業公司的領導者，特別亢奮地加入了團體的討論中。他還不到三十歲，年輕有為，但是十分鐘後就讓人失望。因為他在討論中不斷地告訴別人自己讀了多少書，讀過哪些書，而且報出書名和作者，並詢問別人有沒有讀過，有沒有聽說過這些作者的名字。人們都很尷尬，十分鐘後就散了。儘管之後他又加入了別的討論，但一天下來，他並沒交到一個朋友。

炫耀自己的知識就是眼界狹窄的表現，也是「封閉心態」的表現。這一心態的根源是他認為自己已經足夠出色了，因為「讀了很多書」，而且「自己報出了書名，別人卻無法回應」。有的人據此認為自己是優秀的人，但恰恰是這樣的行為，使他在人們眼中的形象被扣除了很多分數。

換句話說：這樣的人在社交中是沒有價值的，因為他不懂得向更優秀的人學習，也缺乏對世界足夠的尊重與敬畏。

在現實生活中，我們要多參加一些有實質意義與正面回饋的社交活動，例如，加入一些知識與實踐相結合的社群，找到更多志趣相同的人，實現與他們的聯合。在參與社群活動時，你可以與陌生人共同去做一些有趣、有內涵、有前景的事情。

透過一個具體的活動或專案，結交那些工作中表現出色、有創業想法或有其他不凡觀點的人，他們必然能夠給你帶來一些社會和企業的資訊，互相開闊眼界。

總結：挖掘自己與別人的「需求交集」

需求是所有關係的基礎。可以這麼說，沒有需求，就沒有社交。我們在篩選弱關係與建立弱連結時，要耐心而充分地思考自己與別人有哪些需求，這些需求之間有沒有交集，然後據此採取高效的方式，與他人建立連結。

看人先看優點，關注並記住人們美好的一面。有句話說：「三人行，必有我師焉。」要改掉自大的缺點，不要用舊眼光看人，不要小瞧每一個人。因為每個人都有自己的優缺點，每個人都是一本書，他究竟有多大的本事，取得了多大的成就，未來有沒有前途，你根本不清楚。所以，在看一個人時，要關注並記住對方美好的一面，和他建立聯絡，虛心地向他們的優點學習。

剔除那些有害的「爛草莓」。克林格說：「有些表面靠譜的人，實則未必是好的人際關係，因為他很可能給你帶來源源不斷的負能量和無效資訊。」企業的團隊中要剔除「壞蘋果」，我們的社交中也要防止出現「爛草莓」。

比如，要避免與那些喜歡抱怨多於努力的人成為朋友，要防止被勢利之人利用，而要尋找那些平日對別人的讚美多過貶低的人、對生活積極努力多過自暴自棄的人等。在弱關係的開拓中，寧缺毋濫也是一個重要的原則。對自己社交網中的「爛草莓」，一旦發現，就要毫不猶豫地把他放進黑名單。

豐富弱關係的年齡層，別只盯著與自己相仿的年齡層。我們可以在不同的年齡層建立自己的弱關係網，幫助自己瞭解這個世界的各個方面。比如，二十、三十、四十、五十和六十歲的人都可以成為我們的弱關係。和他們建立廣泛的聯繫，讓每個人都成為自己的資訊提供者，為生活和工作中的決策提供參考。

如果你只是從同齡人那兒學習經驗，瞭解資訊和尋求機會，得到的總是有限的。因此，不要因為一個人比自己年齡小很多就輕視他，也不要因為一個人比自己年齡大很多而感到自卑，自信地去與每個年齡層的人交流，建立平等的連結。

盡可能選擇你喜歡的，但要保持開放心態。在實際的社會交往中，你一定會遇到讓自己開心的部分，同時也必然會遇到讓自己受挫的事情。每個人的立場、性格、經歷和喜好都不相同，因此，我們不能用同一種心態、風格跟每一個人相處。所以，我們只能盡可能地選擇自己喜歡的，但不要強求去做到八面玲瓏。

不要妄想只和自己喜歡的人接觸，和自己不喜歡的人劃清界線。這只是一廂情願，就像一扇關閉的窗戶阻止不了空氣進入房間一樣。一定要保持開放的心態，打開我們的窗戶，跟每個人都建立恰當的連結，然後在自己感興趣的範圍內集中注意力。

運用互聯網多接觸、多溝通，然後總結經驗。糾正過去錯誤的觀念，張開雙臂迎接互聯網！運用互聯網的技術平臺幫助自己接觸世界的每一個領域，與更多的人溝通，然後篩選出自己需要的聯絡人。

要多接觸各種各樣的人，不要害怕犯錯或受騙。接觸得多了，經驗就會增加，最後我們就能逐漸學會分辨與洞察，看到哪些人是有益的關係，哪些人需要保持距離。

Part 07

弱關係實踐指南

如何快速擴大人際關係價值鏈

借助強關係，拓展弱連結的規模

我們現在寫出世界上任意一個人的名字、住址、工作和身分，你會看到他和你的關係不外乎以下的幾個標籤：

血緣關係：父母、孩子或其他親屬。

日常工作聯絡：同事、客戶、合夥人及其他事業夥伴等。

志趣相投的朋友：經常一起聚會、旅遊、參加體育活動的好友。

鄰居：同一個村、同一社區、同一棟樓的鄰居或社區幹部等。

同學和老師：在學校時的聯絡人，包括同學、老師和學校各級主管，及由此產生的其他聯絡人。

伴侶：未婚夫妻和夫婦。

陌生人：擁有無限可能，但尚未發生聯絡的人。

在這些關係中，既有強關係，也有弱關係。在潛意識及平時的思考、行為中，我們一般將人分為三個等級：高於自己，平於自己，低於自己。一般而言，我們喜歡把高於自己的人置入強關係的核心區，重點維護；將平於自己的人放到強關係的邊緣區；將低於自己的人作為弱關係，踢出強關係的社交網。

比如，有人會將企業事業部門的領導和成功商人視為重點強關係，集中主要資源拚命巴結。但這種關係並不是朋友，只有在平級之間，才有可能出現自然的朋友關係，否則不是你有求於別人，就是別人有求於你。

也就是說，在人們的常識中，只有不斷提高被別人利用的能力，才能認識更高能力的人。但是現在，你要對這樣的觀念做一次手術，要對自己聲明兩個詞的重要意義：

資訊。今天及未來的世界是「資訊時代」，推動我們進步的是「資訊」，不再是過去所界定的「能力」。所以，你認為低於自己的人，可能掌握著你不知道的資訊；你重點經營的強關係和重要人物，也許對某些領域一無所知。

視野。為了獲得儘量多、新、有效的資訊，我們必須拓寬視野。從強關係的核心區走向邊緣，再跳到社交網的外面接觸無限的世界，就是為了擁有360度的視野。在未來，**一個人的視野比他的身分、朋友的地位、財富的總和都重要**。視野有多寬，你能接觸到的資訊就有多廣。

審視自我定位

在社交鏈中，每個人都有一個獨特的位置。有人高一點，有人低一點，就像生物世界的食物鏈一樣。也許你在這個價值鏈中居於很高的位置，也許僅能屈身角落，這都沒有關係，重要的是，你要對自己有一個清醒的定位。

人有了自知之明，方能發現正確的前進路線，不至於沉溺於事物的假象中，每天糊塗地做事，或者糊塗地交友。

一個人能力的分類有許多種，對自己的每種能力都要仔細審視，有一個客觀的定位：

一、業務能力：和工作有關的潛質和能力。

二、社交能力：結交新朋友與經營社交網的能力，比如與另一個條件與你雷同的人相比，你能否使別人更願意結識你而不是他？

三、個人魅力：包括性格、內涵、形象與溝通等，比如你是否善於聊天？談吐是否幽默？是否有足夠強的號召力？

四、提供價值的能力：在別人眼中，你是否樂於助人，願意為他們提供寶貴的機遇或資訊？或者能否在人和人之間發揮橋梁的作用？

對這四項能力進行重新檢查，然後再審視自己的既定方針，看看雙方是否共融，找出阻礙自己計畫開展的問題、矛盾。這時你才能找到自己需要的資訊，知道應該向什麼人請教，如何增加朋友的數量，或去什麼地方拓展弱關係。

一個人自我定位錯誤，將出現什麼局面？

幾年前，我的一名下屬孫先生的故事很有代表性。孫先生是一個才華橫溢的年輕人，來我的公司應徵時，剛從大學畢業。面試時，他和我足足交談了四十分鐘，詳細講述了他對這份工作的看法、未來的理想等。他有強大的自信，同時也有很不錯的潛質，這是公司當時決定錄用他的原因。

但是不到兩個半月，孫先生就離職了。他的理由是要去更好的平臺發展，覺得公司沒有給他足夠大的空間。例如，孫先生在工作期間透過網路交到了許多高品質的朋友，累積了一些業內的關係，因此獲得了一些資訊，讓他做出了可以跳槽的判斷。

我非常珍惜孫先生這個人才，就把他叫到辦公室，和他談了半小時。我分析了他的情況和未來的前景，以及正確的職業規劃：「你是一個有潛力的人才，我相信你的未來不可估量。你思維敏捷，溝通能力強，也很擅長社交。這是你的優勢。問題是什麼呢？第一，你缺乏經驗，對這個行業的瞭解可能還不到10％，在業務上也尚需積累、沉澱；第二，你作為一個剛剛大學畢業的年輕人，對現實的社交還缺乏洞察的理解，在不清楚具體細節的情況下，最好不要輕信別人的邀請，輕率地辭掉這份工作。所以我給你一個建議，再在公司磨練半年，屆時如果有離職的想法，我可以幫你介紹一個去處。怎麼樣？」

無論如何，出於對人才的欣賞，我既尊重他的想法，同時又客觀地闡述了他面臨的問題，最後又提出了我的計畫。但是，這並沒有說服孫先生。他很快辦理了離職手續，去了上海。我們有七、八個月的時間沒有聯絡，隨後他在一個深夜，在社交平臺主動給我發了資訊，簡單介紹了他現在的狀態：情況不太理想。

到了上海以後，他在別人的引薦下，成功地進入了那家大公司，拿到了比過去兩倍高的薪水。可是實習期結束時，該公司並不準備讓他轉為正式員工，他的上司認為孫先生的能力與公司的要求之間還有很大差距。

就這樣，孫先生為自己「過高的定位」付出了代價。這說明，在自我定位錯誤時，我們從弱關係那裡得到的資訊，可能發揮不了正面的作用，反而會對你有所損害，因為它極有可能誘導你做出錯誤的決策。因此，在拓展弱關係之前，先審視自我的定位是否正確，是非常必要的一個步驟。

改變與人接觸的方式

人和人之間的接觸方式也有許多種：

- 單方有意接觸
- 雙方都有意接觸
- 自然接觸

・社交平臺接觸

在傳統社交中，人們多透過前三種方式與人接觸，維繫社交網，增加朋友，認識陌生人等等。有了互聯網社交工具以後，第四種方式逐漸流行起來。這時，我們與人的接觸過程中有了技術的力量。

技術根據你的需求而有選擇地推薦，可以實現即時連結的效果。大量的強關係解決不了的問題，你可以在社交平臺用幾分鐘的時間便可找到能幫助你的人。

改變過去的接觸方式，本質上是督促我們面向互聯網，接納弱關係成為主流社交形態的事實。在新的接觸方式中，互聯網是新型人際關係的催化劑，我們的性格或個人魅力透過社交網站、即時通訊工具的推動，以超越過去百倍、千倍的速度傳播出去，實現與陌生人的連結。這幾乎可以為你解決現實中的一切難題。

互聯網的社交形態使我們離開熟人關係網，有了最大的可能性。你的個人魅力與性格無疑能用最快的速度讓更多的人知曉，為你爭取過去不敢想像的關注。在今天，一個普通人不需要花錢做廣告、上報紙就能成為明星，在互聯網上擁有幾百萬粉絲；一個樂善好施的人不必再像過去那樣，成為熟人關係網的冤大頭，而是可以在互聯網上建立遠播千里的好名聲，高貴的品質讓他的社交網門庭若市，無數人希望與他接觸，成為他的朋友。

當你讀到這裡，準備面向未來時，你知道如何重新設計自己的社交策略了嗎？你知道怎樣才能在強關係的基礎上，同時獲得取之不盡、用之不竭的弱關係資源了嗎？如果你在昨天已經為自己落伍的觀念付出慘痛的代價，那麼，你就應該在今天正確地審視現狀，記取教訓，不要再用經營熟人關係網的方式對待外面近乎無限的弱關係。

拓展弱連結的規模

最大化地利用社交資源，擴大弱連結的規模，打開強關係與弱關係之間的通道，我們需要做什麼？

一、你要有一雙慧眼，能夠看到每個人的「利用價值」。這個「利用價值」不是功利的，而是出於雙方自然的需求。你們彼此互有需求，可以共同發展，互相協助。這種價值有性格上的，也有技術上的，還有關係資源上的。

比如你是一個踏實、勤勉的人，他是一個有專業知識的人，另一個人則擁有許多資金上的人際關係。這時，你們三個人就有了共同的「利用價值」，能夠將三個人的努力、技術和資金結合起來，做一番事業。

二、你要能在第一時間看到對方的關鍵需求，並能給予滿足。你還要有一雙洞察本質的慧眼，可以努力地發現每個人的關鍵需求。關鍵需求就是人的死穴，是他們對這個世界最大的依賴。如果你能滿足這種需求，他們就能為你所用。

創業者需要資金，考試的學生需要學習資金，想買車的人需要駕照，想在北京買房的人則需要一個購房資格等等。這些都是人的要害，即使你無事求他，也可以思考並使自己具有解決這些需求的能力。這種能力可以帶來無窮無盡的連結，這也是一個人可以聚攏更多關係的核心價值。

三、懂得簡單、善意、寬容與感恩。最容易、最長久和最可靠的處世態度是要懂得簡單、善意、寬容和感恩。人們都喜歡這樣的人，所以不要活得太複雜，也不要用繁瑣的思路去跟別人打交道，而要帶著善意去理解對方、寬容對方，並成為一個有恩必報的人。

在現實中，具有這四種品質的人往往擁有強大的人際關係，他們的弱連結也是十分廣泛的。如果你也能有這樣的處世態度，就能很快擁有自己的充實的弱關係寶庫。

四、至少讓自己擁有一種稀有的「被用之處」。做人一定要「可用」，就是說，不管在何種環境中，都一定要有自己的「被用之處」，哪怕是最簡單的用處。要從小處學起，沒有也要學出至少一種，這能保證你在競爭激烈的環境中有起碼的立足之地，不至於還沒發出聲音就被踢出門外。

不管在哪裡，「被用之處」都是讓別人與你建立連結的基本保障。簡而言之，「不可用」就等於沒有能力。

五、要成為善用互聯網聯絡工具的高手。如何才能抓住在茫茫人海中與萬里之外的人，建立深度聯絡的機會？除了傳統方式，我們要借助互聯網的力量。在互聯網的世界中，不要害怕被拒絕，「乾脆的拒絕」總比「浪費時間等待」要好。所以有活動、有機會時，就大膽地提高自己的被關注度。因為你不參與，一定有別人參與，這是聚焦的機會。假如你需要幫助，應該讓你的微博、微信等聯絡方式大展神通，讓人們看到你，然後和可以幫助你的人發生聯繫。在互聯網時代，沉默是最壞的方式，「酒香不怕巷子深」的時代已經一去不復返了。

六、立足強關係，去接觸和拓展高端的弱關係。在我們的強關係中，存在著連結弱關係的好機會。熟人的某個不知名的朋友，或許就能帶你進入另一個優質的社交網，接觸到高端人際關係。因此高端的社交網總是由熟人介紹組成的，而不是互聯網。高端的弱連結一旦形成，就有向新的強關係演化的趨勢，因為這樣的關係必然會發生深度的利益交換。

認清自己的優勢，廣泛結交

什麼是自己的優勢？簡單地說就是，我們對別人有用的地方。在這些領域內，我們可以做到別人不能做的事，這就是你的優勢。一個人的成功並不是單純偶然或必然的，雖然有時勢的因素左右人的成敗，有機遇的問題影響人的奮鬥結果，但是很顯然，有一點是確定無疑的：不論事業還是交友，人的內在品質總是占據更重要的地位。

找出你最擅長的事

先弄清楚自己有多少本領。這就像打牌一樣，在出牌之前，先看看自己的底牌，才能知道自己可以做什麼，有沒有勝算。

你可以準備一張能力清單，在上面寫下自己可以做的事情，比如專業知識、資金、形象、商業策劃能力、管理能力等，任何一種你想得到並具備的本領都可以寫下來。寫在紙上，再給它們排序，使其一目了然。這些就是你全部的本領。如果要玩那些別人玩得很好而自己一竅不通的遊戲，也就是需要使用紙上找不到的本領，那麼你注定會一敗塗地。只有參與自己可以勝任的社交網，才能站得住腳，贏得人們的認可和關注。

再從中找出最擅長的事情。將這些本領一一對比分析，從中確定一個自己最擅長的技能，或者能力，然後持之以恆、樂此不疲地去把它做好。不必做得非常出色，只要在很長一段時間內，在這方面保持比其他人聰明一點就夠了。

擁有一個最擅長的技能，就能在該領域內得到人們的讚賞，贏得最大程度的關注。因為你是最能勝任的那一個人，所以大多數人都會過來找你，而不是去找別人。

鄭女士是深圳某保險公司的資深經理人，同時也是二級心理諮詢師，對經濟和法律亦有很深的研究。所以，周圍的人，無論客戶、同事、親戚、鄰居、朋友，都主動並積極地與她保持一定頻率的聯絡。人們主動和她聯絡，為她介紹客戶，幫她結交新的朋友。

為什麼？因為「人們需要她」。

鄭女士所擁有的技能和本領，可以幫別人解決很多重大問題。比如，小孩的教育保險、夫妻的理財、家庭矛盾的心理諮詢、法律問題等，她都能盡心盡力且非常完美地為周圍的人解決。這就是人們對她的需求，其支撐點就是她獨特的能力。

我們也要深刻地明白矽谷知名風險投資專家馬克・安德森經常說的那句話：「如果市場不存在，再聰明也沒用。」延伸開來，也就是說，**你所擁有的技能和本領必須是有人需要的**。需要就是市場。如果沒有這個市場，你的本領再大，可能也沒人理會你。

你多麼努力地工作，熱情地追求理想，這都無關緊要。重要的是，人們願意受用你的服務，然後你才能成為一個廣受歡迎的人。否則，你將陷入困境，在工作和社交場合都很可能沒有任何資格可言。

擴大你的優勢

克林格說：「為了獲得源源不斷的關係支持，拓展人際關係，提供價值是很重要的。但在這個基礎上，一些小恩小惠也不可缺少。優秀的溝通技巧能夠增進彼此之間的關係，比如，主動提供必要的幫助而不是等對方開口相求，熱情地解決對方面臨的一些小問題，一起吃飯、聚會或者送禮物等，這些人性化的舉動能讓你融入對方的社交網，更快地享受對方的資源。」

華為公司的一名業務經理就是這麼做的。他有很強的工作能力，是公司在華北地區市場部門的一名重要幹部，但他並不以此為傲，也沒有因此而孤芳自賞。相反，他在與同事的相處中十分大方，該請客的時候就請客，同事總會在過生日時收到他送來的意外之喜。在平時的交流中，他也十分主動與熱情，每個人都願意跟他聊天。這位經理為自己創造了一個格外寬鬆的環境，很自然地放大了自己的能力優勢。

恰當的社交技巧能夠迅速而直接地擴大我們的優勢。有時候你要懂得如何把精力和金錢用到對的地方。有了卓越的能力，還要鑽研怎樣才能拉近雙方的距離。

一種錯誤的做法是僅僅依靠優秀的能力吸引別人的靠近，自己卻什麼都不做。在人際交往中，情感和心理因素所發揮的作用有時遠遠大於利益。「姜太公釣魚」的被動戰術已經被這個時代拋棄，因此不要再單方面地提供你的價值，而要掌握拉近距離的技巧，引導對方主動走近，節省時間。聰明的社交技巧可以發揮加分的作用，再加以能力的互補，雙方的關係才會平等而長久。

提升自身的價值，讓人們看到你的存在。為了得到更好的人際關係，拓展廣闊的關係網，使自己成為社交平臺的中心點，我們要不斷提高自身的綜合價值。要有一個核心優勢，然後圍繞這個優勢去提升其他方面的技能，增加亮點。比如事業、興趣愛好、生活、家庭、性格等，亮點越多，受到的關注度就越高。

最關鍵的是，要在這個過程中找到自身的定位，定位總是決定我們的成敗。定位找準了，用正確的策略強化我們的才能，人們就能看到你的存在。

存在感越強，我們在某個層面就越是必不可少的。這樣一來，就能吸引到足夠的需求，越來越多的人就會和你建立連結。

組合「拼圖碎片」，發揮「競爭力」

每一項能力就是一個碎片，你手中的所有碎片組合起來，拼成一張圖，就是你所擁有的競爭力。

一、良好的職業規劃。規劃是一種很稀有的能力，尤其對自己職業的規劃，決定了我們的追求、現實與擁有的資源之間互動的結果。簡單地說，我們的規劃需要實現理想、符合現實，同時又能良好地調配所擁有的資源。

因此，我才將規劃能力列在第一位。現實中我也發現，擁有良好職業規劃能力的人，他的人際關係往往也是非常出色的。

二、最重要的技能。熱衷於追求自己最擅長的事情，並不能讓你自動獲得競爭優勢，因為這無法保證有人願意幫你做成這件事，實現結交人際關係的意圖。必須為自己培養一種最重要的技能，也就是我們的核心能力。畢竟，當有其他人和你做同樣的事情時，你要拿出更好的表現來勝過對方，而不是屈居人後。

無論是商業、工作還是情感中的競爭，一項核心能力都是不可缺少的部分，它代表了一個人在別人的心中所獲得的真正評價。

三、滿足需求的能力。如果你的技能非常強大，但根本就沒有市場需求，或者說，面對找上門來的需求，你沒有去滿足它的能力，那麼競爭力就無從談起。所以，滿足需求的能力也是必不可少的。我們也許不能滿足所有的需求——哪怕50%也做不到，但至少應保證自己具有兩到三項不同的本領。

四、無與倫比的熱情。僅僅是做自己感興趣的事情或最拿手的工作，也不會自動地帶給你強大的競爭力或關注度，也不能保證你走向事業的成功。我認為發揮關鍵作用的，是你心中是否具備無與倫比的熱情，並且在行動中表現出來。

就算你的能力比別人差一點，但你比他們更有熱情，結果會怎麼樣呢？事實是，在能力相差不大時，人們更喜歡熱情的人，因為熱情總是對人有天然的感染力。

五、應變能力。最後，完全跟著規劃走也不是永久的可行之策。當需求發生變化時，我們能否及時做出改變呢？應變能力是我們適應這個世界的利器，不管外界的需求是什麼，除了讓自己的興趣和優勢能得到發揮外，還要聰明而靈活地考慮到環境的變化，調整自己的策略，讓自己能做不同的事情，並在社交中表現出來，否則你還是無法成為一個具有卓越競爭能力的人。

總的來說，我們在評估自身能力的各個碎片時，要做到綜合的考慮：「我會什麼」有時不是很重要，「我能為別人做什麼」才是最關鍵的結果。而且，由於「能力碎片」的形狀和大小會隨著時間、環境的變化而不斷地發生改變，它既是由我們自己決定的，同時也取決於外界的需求和形勢的發展。因此，評估工作需要定期和重複地進行。

另外，不同的能力碎片組成拼圖的方式也會發生變化，我們要對能力的組合進行適當的調整，以針對特定的領域來突出某一方面的能力。所以，要在事業和社交中建立競爭優勢，我們就需要在每一個特定的環境中，都能將這些能力的碎片因地制宜地整合起來，展示不同的方面，吸引關注，與同樣優秀的人各取所需，實現資訊和資源交換。

所有的優勢都具有局限性

麥特・科勒是基準資本公司（Benchmark Capital）的合夥人，在二十歲到三十歲的十年中，他先後在 LinkedIn 和 Facebook 的首席執行長身邊做了六到七年的工作助理。麥特擁有不亞於這些世界級企業總裁的能力，但他願意在助理的職位上發揮作用，而且是這麼長的時間。

要知道，大多數有才幹的人都希望儘早出人頭地，很少有人能甘於屈就。但麥特卻不這麼認為。他的觀點是，如果你的能力很強，卻願意做一名出色的得力助手，那麼競爭少的機會也會變多。這意味著你用較強的能力選擇了一個競爭壓力小的山頭，避免了自身的局限性，那麼就會在這個位置上更突出地展示自己的能力，取得非凡的成就，建立有利的人際關係網。

事實也正是如此，麥特在助理的職位上表現異常突出，同時取得了非凡的成就。這讓他獲得了不同於他人的職業背景——同等級的人並不具備這樣的工作資歷，麥特因此迅速地脫穎而出，也達成了自己一直以來的目標：成為一流風險投資公司的合夥人。

我們所有的優勢都有它的局限性。因此，任何時候都不要以為自己足夠出色了，並盲目地認為這會幫助自己贏得關注，獲取計畫中的資源。人們會觀察你，正如同市場會以它獨有的方式考察一個專案。為了最大化地突顯自己的優勢，你要學會選擇一個競爭壓力不是那麼大的領域，然後把它當作自己的主場。在這樣的一個舞臺上，相比其他人，你很容易成為人們矚目的中心人物。

你要時刻學習新的技能和積累新的資本。要想提高我們的競爭優勢，在工作和社交中提供更有價值的資訊，實現高品質的交換，最有用的方法就是學習新的技能來適應外界的要求。與此同時，豐富自己的經歷也是一種明智之舉，比如像麥特一樣，在自己已經具備總裁能力時，仍然去為祖克柏這樣的卓越人物擔任工作助理，為他的資歷加上了輝煌的一筆，並且讓他的固有優勢得到了強化。人們關注這些有閃亮背景和特殊經歷的人，而且願意與他交流，成為很好的朋友。

你要知道何時檢查自己的定位，並更新自己的計畫。這能幫你選擇更合適的環境，避免一條道走到底。檢查定位是同樣有效的方法，面對環境的變化，別太在意過去自己對人生許下多麼忠貞的誓言——許多十年前的理想在今天都已經變得不合時宜了——要懂得在不同的階段做不同的事，在不同的環境中制訂有針對性的計畫。

當環境變化時，及時找到新的定位，讓你的現有能力相比競爭者發揮更大的優勢，更能滿足人們的需求。比如一名頂級的美國大學籃球運動員，發現自己在國內打不了職業比賽時，就會選擇去歐洲或亞洲的籃球隊試訓。透過採用這種方法，他們更改定位、制訂新的計畫，從而改變了自己的競爭環境，在一個競爭對手相對較弱的環境中使自己脫穎而出，獲得更大的競爭優勢。

再比如說，如果你在一個名流俱樂部中沒有存在感，就要考慮從裡面退出來，去相對較差的社交俱樂部中尋找機會，哪怕你要推翻自己為之努力數載的計畫。因為，只有在適合自己的環境中，才有機會讓自己獲得別人的注意，否則你只能默默無聞。

不高估金錢的作用

在社交中，「錢」的作用無處不在：請客吃飯需要花錢，朋友有難需要用錢，參加聚會也需要湊錢。但金錢是社交中的決定因素，並且在任何一件事中都能暢通無阻嗎？顯然不是。人們高估了金錢的作用，總誤以為錢可以擺平一切，比如交到朋友、解決問題等。可事實是，那些輕視金錢的人反而比重視金錢、用錢開路的人交到了更多、更好的朋友。他們更受歡迎。

二〇一四年四月的一個下午，鍾先生開著自己剛領出來沒幾天的新車，去長途車站送客戶。由於車技一般又趕時間，他不小心擦撞到停在旁邊的一輛銀灰色賓士轎車。看著車身上一道長約二十釐米的刮痕，鍾先生心生愧意，可又不知怎麼聯絡車主。無奈之下，他傻乎乎地站在賓士車的旁邊等待，一等就是一個多小時。

後來，車主劉先生終於出現了。看到愛車擦傷，當然十分心疼，但他一聽鍾先生為這件事等了自己這麼久，而且在附近沒有監控的情況下並沒有一走了之，對此他又感動不已。於是，兩個人當場互加了微信。鍾先生現場賠給劉先生兩千元，幾天後，劉先生補完車漆，只花了一千五百元，就將剩下的五百元給鍾先生充值了話費。

這兩年多來，兩個人的聯絡並不頻繁，僅僅停留在簡單的微信點讚和節日問候上，屬於非常典型的弱關係。直到最近，劉先生準備裝修自己新購買的一棟別墅。他心想，裝修是一個花費巨大的工程，就怕被坑，找個人品好的裝修老闆比什麼都重要。找誰呢？此時他突然想到了鍾先生。他跟妻子講了當年的擦車事件，妻子二話不說，也支持他的決定。夫妻倆便沒有考慮其他的裝修公司，直接將工程委託給了鍾先生。

鍾先生的裝修公司並不大，剛成立時，由於付不起門面房的租金，只好在自己的家裡辦公。後來才搬到了城市廣場，但是公司的面積僅有四十平方米，加上他也只有6個員工，這個規模在裝修行業內是極不起眼的，不要說跟知名的大公司比，就是跟小公司比起來，也只能算是末流。鍾先生沒錢打廣告，也沒有雇用專門的業務員在外面推銷。開業七年以來，他的公司全靠客戶口口相傳，積攢了良好的口碑，生意漸漸地好起來。

而且，鍾先生始終是一個熱心的人，經常在網上發布一些裝修小訣竅，也多次給那些有困難的客戶減免部分費用，這讓他在業內獲得了很好的名聲，凡是與他合作的客戶都對他稱讚有加。正是因為他的這些品質，才在擦撞事件發生後，給劉先生留下了極為深刻的印象。

鍾先生感慨地說：「當時在等劉先生期間，我的內心也很忐忑。事後一些朋友還覺得我傻，認為應該趕緊跑掉，反正別人又找不到我。可事實證明，為了省掉那些錢而跑掉，傷害的是自己的誠信，這比錢重要得多。」

從這個故事中我們可以看到，人與人之間除了金錢外，還有很多更貴重的東西。你越是在乎錢，就越急於耍小聰明，變得不那麼腳踏實地和坦誠自信。這個時候，錢就從護身符變成了「皇帝的新衣」。相反，輕利重義的人則很容易得到人們的尊重。因為站在對方的角度來看，一個不唯利是圖的人一定不會因為利益而出賣、坑害自己，這樣的人才是值得信任的。

金錢不等於尊重

在人和人的關係中，錢能買來服務，但再多的錢也買不來「尊重」與「愛」。如果你希望僅憑自己的財力就建立好人際關係，獲得高品質的關係，結果一定會讓你大失所望。錢是社交的基礎，但它不是社交的全部，而且也不是社交的「上層建築」。

有一個富翁非常有錢，但他發現很少有人尊重他，這讓他十分生氣。於是他就拿著支票到街上「買尊重」。他覺得只要肯出錢，一定有人打心眼裡尊重他，可他失望了。儘管來來往往的不少路人都收了他的錢，可他從對方的眼神中只看到了嘲笑，沒有尊重。

於是他又問街邊的一個乞丐。「我給你一百美元，你能否尊重我？」

乞丐接過錢，但是懶洋洋地回答：「有錢是你的事，尊不尊重你則是我的事，這是強求不來的。」

富翁一聽，急了，拿出支票簿。「好吧，我將我財產的一半送給你，能不能請你尊重我呢？」

乞丐笑了笑。「給我一半財產，那我不是和你一樣有錢了嗎？為什麼要我尊重你？」

富翁更加著急起來，他非常憤怒地說：「好，我將所有的財產都給你，這下你可願意尊重我了？」

乞丐放聲大笑，笑得眼淚都出來了。「你真是一個傻瓜，你將財產都給我，那時你就成了乞丐，而我則成了富翁，我又憑什麼來尊重你？」

在這個故事中，一個有錢的富翁過著富有的物質生活，但他在人際關係方面顯然是比較糟糕的，生活中沒有多少朋友。因此，他想用錢獲得別人的肯定與尊重，就制訂了花錢買尊重的計畫。但是執行起來才發現，錢可以讓自己有取之不盡的物質，卻不能買來別人精神上的肯定。在乞丐的身上，他更加清楚地看到了金錢與尊重在人和人之間是難以畫上等號的。人們也許口頭上尊重和服從他，但眼神會告訴他真正的答案。

在社交中過於重視金錢工具，唯一確定的是你身邊的人都是為利而來——有利則聚，無利則散。就像托爾斯泰的名言：「金錢與糞尿相同，積聚它便會放出惡臭；然而散布時，則能肥沃大地。」

以前，我在深圳認識了一個人。他和故事中的富翁一樣，很重視金錢在交友中的作用。比如，他會在安排一場聚會時發布公告：來參加的人都能在微信上收到一個紅包。而且，他為紅包設置了不同的等級，利用價值最高的，紅包金額最高；利用價值一般的，紅包金額中等；利用價值最低的，紅包金額最低。

開始時，人們踴躍參加他的聚會，群組的討論氛圍也很熱烈。但人們的討論總是圍繞著紅包進行的，極少有人與他聊正經的話題。他就用這種方式聚攬人氣，充實社交網。

不過慢慢地，紅包的吸引力漸漸下降，加之大家知道了紅包的等級，就開始疏遠他了。他變成了徹頭徹尾的孤家寡人，無人理睬，也沒人尊重他。

假如你覺得金錢能買來無數的關係和尊重，這一定是你犯下的致命錯誤之一。金錢可以買來花香撲鼻的美麗庭園，卻不能帶來真心擁戴你、尊重你以及願意幫助你的朋友；金錢雖然可以購買商業服務，但它買不來切實可用的弱關係。只有明白了這個道理，並樹立正確的金錢觀，你才能受到人們的尊重。

與其用金錢打動人心，不如立志自我完善。一個人在人生中的最高境界，是他可以完成最高層次的自我實現——生活、工作及情感上的夢想都得以實現。這不是金錢可以衡量的，至於金錢在其中發揮的作用——錢當然很重要，但賺錢和花錢只是過程而已——是否從中得到了人們的尊重和關注，要看你如何去付出金錢，怎樣去尊重別人。

播撒關愛的種子

有一位年輕人，在一家商店工作了四年之久，然而並未受到老闆的賞識，薪資不漲，也未能晉升。因此，他正在尋找其他的工作，準備跳槽到更好的單位。一般來說，在一家企業工作了這麼多年卻受到老闆如此對待的人，一定對這份工作心灰意冷，渾渾噩噩地混日子，尤其在自己馬上就要離開時，不會再為老闆盡心盡力。

有一天，外面下起了大雨，有位老婦人走進了這家商店，並且在商店內閒逛。老婦人看上去只想逛逛而已，沒有要買東西的意思，似乎只是進來避一避雨。所以，大多數店員都對她愛理不理，視若空氣，只有這位年輕人主動跟她打招呼，並且很有禮貌地問她是否需要服務。

而且，這位年輕人陪著老婦人逛了整個商店，對她關心的各種商品都進行了講解，並且主動為老婦人提著購買的各種物品，十分貼心。當老婦人離去時，這名年輕人還陪她到門外的馬路邊，替她把傘撐開，直到她上車。這位老婦人對他的服務和說明極為滿意，在汽車發動前，又打開車窗，向他要了張名片，然後就離開了。

這是一件小事，年輕人回到店內，很快就完全忘記了，開始忙著尋找更好的工作。但現在的就業環境不是很理想，找了十幾天也沒有找到滿意的工作。就在快要放棄時，他接到了一個電話，電話是那位老婦人打來的。

在電話中，老婦人問他：「小夥子，我這兒有一份工作，不知道你有沒有時間過來看看呢？」

年輕人去了之後才發現，老婦人是當地一位企業家的母親，同時也是該企業的董事。這家企業正在徵人，碰巧年輕人前幾天投過一次履歷。他的履歷缺乏競爭力，很快就被人力資源部門淘汰了，卻被老婦人碰巧看到。一次充滿愛心的舉動，讓他結識了一位陌生人。這位陌生人解決了他的工作問題。

關愛，是永不過時的價值，是我們征服他人最好的資本。它沒有成本，卻價值巨大。所以，當我們給予他人幫助時，並非要得到報酬、補償或讚美，而要出於真心地去幫助對方，去播撒愛的種子。

當你做了好事而謝絕報酬時，祝福和報酬可能反而會大量地降臨到你的身上。這一原則更加適合於弱關係領域，它違反金錢和人性的關係，卻又能最大程度地感化人性，使你在那一瞬間獨具魅力，給人留下極為深刻的印象。

信譽是價值無限的資產

李嘉誠說：「我們要建立個人和企業的良好信譽，這是資產負債表之中見不到卻價值無限的資產。」李嘉誠能白手起家，成為巨富，靠的就是「信譽」二字。做生意要講信譽，做人同樣要講信譽。俗話說：「人無信不立。」一個人可以窮，可以沒有事業，沒有家庭，但他最不能缺少的就是信譽。有了信譽，你就擁有了美好的未來，因為所有的人都願意幫助你。

現在，人們總是抱怨市場的環境不好，賺錢的機會太少，願意幫忙的朋友太少。比如中關村有一個失業者在網上寫文章，分析自己失業的原因，將責任推給了外部因素，唯獨沒有責怪他自己。

最後他總結說：「我不認識貴人，這是一個靠貴人的社會，但我鄙視他們。」他花費一整天的時間鄙視那些有貴人相助的人，卻不捨得拿出幾分鐘好好想一想：「為何別人能遇到貴人相助，我卻不能呢？我是不是做錯了什麼？」

後來有認識他的人在文章的後面留言，指出了他的許多問題，批評他犯下的錯誤，其中很重要的一條，就是認為他「信譽度不佳」，比如借了同事的錢不還，公司安排的工作不好好對待，還連累公司失去了不少優質的客戶。

一個人能夠做成一些堪稱偉大的事情，既是能力的展現，也是人際關係資源的功勞，更是他個人優秀品質的推動。就像李嘉誠，他在事業剛剛起步時，赤手空拳，沒有一點比競爭對手更優越的條件，包括資金、人際關係和市場等條件。但李嘉誠是一個極為重視信譽的人，總能說到做到，且高品質地完成與客戶的約定。客戶對他非常信任，大家都願意跟他合作。在漫長的競爭中，他逐漸走到了前面，成了最後的贏家。

遵守三項原則，抓住寶貴時機

一、知己知彼比砸錢重要。互相瞭解（基於人性層面的瞭解）比投入了多少金錢更為重要。錢買不來朋友，但理解卻可以。所以，如果你準備用金錢增加自己的弱連結，不如先開發自己理解他人的能力，並使自己可以為他人所理解。這就是「知己知彼」。

在做任何決定之前，或者在與別人成為朋友之前，我們都要先知道自己的條件，洞察對方的需求，然後才能看到自己究竟有哪些選擇。

在社交的層次，我們仍然要知道自己的優點和缺點，更要看到別人的長處，然後才能找到許多領域的交集，這比金錢的作用更為強大；它可以讓你們建立牢固的連結，互相提供有益的幫助。

二、要磨礪你的眼光，開拓你的視野。在社交中，最大的提升是可以透過不同的人磨礪我們的眼光，增強對世界、對不同人的判斷力。有的人交朋友喜歡憑直覺行事，他相信自己的直覺，有時憑本能或第一印象就決定了自己對一個人的最終判斷，但直覺在互聯網時代並不是可靠的方式。

時代在不斷進步，人也是善變的。尤其在資訊過量的今天，我們需要從海量複雜的資訊中發現最關鍵的東西，才能得出正確的判斷。所以，要學會多向前走幾步，讓視野再開闊一些。要透過社交讓自己具有國際視野，掌握和判斷最快、最準的資訊，並從弱關係中吸收更廣泛的資訊。這些都不是金錢可以給你帶來的。

總之，不願改變缺點和開闊視野的人只能期盼運氣的降臨，只有懂得掌握時機的人才能為自己創造更多的機會。在這個過程中，要敢於接受挑戰，在與不同人的交往中樹立自己的人格魅力，使弱關係成為自己的財富。

三、為自己設定坐標，而不是只盯著目標。我們身處在一個多元化的時代，面臨著形形色色、複雜而又無形的挑戰；我們的眼界變得愈加寬廣，而世界變得越來越小；我們也擁有比過去多百倍、千倍的選擇，這決定了我們無法像過去那樣輕易地找到一個目標，然後只要堅持下去就能把目標實現。

所以，我們必須兼顧來自生活中不同的區域、不同的人對自己的期望與顧慮，設定好坐標，擺正位置，而不是只盯著前方。在一個一切均網路化的世界中，坐標比目標更重要。設定坐標，就是找到自己的價值區域，知道要與什麼人建立連結，然後用強大的毅力去堅持。做任何事情，成功都沒有絕對的方程式，但失敗都有跡可循——很多時候，你不是目標不對，而是沒有擺正位置。

尋求價值交換的不同方式

有人總是強調：「人際關係必須等價交換。如果不能等價交換，不是你吃虧，就是我吃虧了。」這句話有道理嗎？在某些問題上它有一定的說服力，例如商業性的人際關係。但它並不全對。

人生在世，生活和工作的本質並不是價值，而是瞭解這個世界。我們都有瞭解世界的本源欲望，但一個人的力量是有限的，誰都需要一個或許多幫手：互相交換資訊，開闊彼此的視野，增加見識。從這個角度看，人和人的價值交換不一定就是等價的。

所以，不要總覺得自己在社交中多付出就是吃虧。事實上，多付出不但不是吃虧，反而是在為你的未來投資，對於弱關係的拓展是有利的。

以價值、資訊交換為主體的弱關係是一張四維化的大網。現在有一句話特別經典，叫做「網聚人的力量」。這張網如同大腦內部的神經元網路，每個節點互相連結，訊息的電波來回穿梭，將每一個「突觸」（個體）串聯起來，實現資訊的共用。

它既可以讓所有人進行價值交換，又能對個體進行訊息支援。而且，人和人的連結、通訊不是永久的，往往是臨時性的。這一點有別於強關係，體現了弱關係的特點。

在你感覺自己能力薄弱，需要資訊、資源支援的時候，就要多多與其他人連結，跳出熟人關係網。跳出熟人關係網不是為了擺脫強關係，而是要意識到：提升自己的價值僅靠強關係是遠遠不夠的，要向外拓展社交的邊界，與其他的社交網建立連結，發生聯絡，然後互幫互助，互換資源。

這時，六度人際關係理論體系就發揮了作用。我們不僅要與世界上的每個人發生可能的連結，還要讓自己的關係網與其他關係網建立可能的連結，建立一張通暢無比的「資訊交通網」，就能透過連結的力量將共同的價值最大化，實現資訊的分享與共贏。

「分別滿足」，而不是「等價滿足」

我的朋友安菲爾德是倫敦人，他在中國做了十二年生意，深知關係的重要。他的交友策略是，瞭解身邊不同人的需要，分別提供令他們滿足的方案，做到讓朋友滿意，讓客戶對他產生依賴感，而不是給人留下必須與他等價交換的印象。

「等價滿足」是最忌諱的做法，因為它的本質是功利的——我為你貢獻了二十元，你就不能只回報十九元；你想換取點什麼，就得拿等價的東西來交換，然後我們互相滿足。如果人人都秉持這樣的交友態度，不要說建設好自己的弱關係，就連熟人和強關係也難以長久地維繫下去。

安菲爾德說：「我在英國和中國都見過一些人，他們對朋友斤斤計較，對陌生人更不用說了。你有求於他，希望他幫個小忙，能不能成功，要看他是否需要你幫助，而且還要看看是否等價。這一種人的心中都有一個帳本，上面記著他為別人的每一次付出，時機一到就會讓人等值甚至超值地回報於他。我不會跟這種人打交道，而且我也不希望自己成為這種人！」

他信奉和堅持「分別滿足」的社交策略——人們的需求是多方面的，每個人的需求都是不一樣的。有人需要金錢的幫助，有人需要指點迷津，有人則需要一份薪資水準不錯的工作……他深切理解每一個人對朋友的要求，並努力給予相應的滿足。

「我不求等價回報，我從不暗示他們自己將來也需要幫助，這有損於我在社交中的長遠利益。」他老謀深算，他的真誠不是裝出來的，而是發自內心。正因此，各種各樣的人都願意幫助他，主動和他拉近距離。他的社交帳號有幾十萬粉絲，個人網站每天有一萬的訪問量。對一個不知名的商人而言，這已是了不起的成就。

在平時的溝通中，他與好友、粉絲及一切陌生人都可以無話不談。只要有機會、有時間，他便慷慨地向人分享自己的經驗：創業的、生活的、情感的、健康的，針對性地解決人們向他請教的問題。

從安菲爾德的成功經驗中我們可以看到，任何形式的交換與滿足都可以促進社交。交換一次資訊可以，聊一聊天氣可以，解答一本書可以，一次偶然的共同購物也可以產生高品質的社交，為我們帶來某些意外之喜。

問題一：你會在和一個不認識的人在高速公路休息區的加油站旁，聊五分鐘有關「加油站附近不能撥打手機」的話題，然後變成朋友嗎？

問題二：在變成朋友以後，你的關注點是「如何與他交換價值」，還是看看彼此有沒有什麼需要可以參考？比如在汽車、手機使用領域互相學習？

思考的角度不同，決定了我們是追求「等價滿足」還是「分別滿足」。比如你首先考慮的是自己帶給別人的價值，是幫助人們滿足需求，還是幫助自己交到朋友？思考的出發點不同，你所採取的策略就大有殊異。

一個只考慮等價交換的人，他在社交中的觀察力往往較為遲鈍，很難在第一時間發現自己與其他人的共同點，因為他思考的重點全部集中在自身的需求上，對他人的需求缺乏關注。這是我們在社交中需要避免的。

我們與弱關係間的價值交換，具有兩種基本邏輯：

邏輯一：因為互相影響而成為朋友。我們原來可能互不相識，但你我之間因某些事情產生交集，比如買了同樣的東西，發現了彼此相似的品味，或者因為一次偶然的業務聯絡、徵人介紹等有了接觸，互相產生影響。

在這個過程中，你我可能會因為對問題的討論、對商品使用的交流、對找工作經驗的分享等成為朋友，繼而加深相互的影響，從弱關係向強關係轉換。

邏輯二：因為成為朋友而互相影響。你我機緣巧合之下建立了連結，成了朋友但不經常聊天。我們之間有共同點，隨著溝通的深入，我們可能會在各自的影響下採取相近的行為。例如，尋找同一行業的工作，去某個購物平臺購買相似的東西（同一品牌的衣服、化妝品），找同一家裝修公司（互相介紹），購買同一家車行的汽車（受到對方購買體驗的影響）。

這一行為在基於線下的現實關係而建立的弱關係中，表現得更為明顯。出於實際的需要，你我可能會決定一起買相同的商品，從而互相加深影響。這是與強關係有重大區別的地方，因為在強關係中，除了少數的電子產品，沒有誰願意與身邊的人使用過於相近的東西，如衣服、化妝品等。一般來說，這樣的弱關係不會轉化為強關係，你我之間資訊交換的屬性更強。

基於興趣去尋求不同形式的價值交換

在弱關係構成的連結中，人們在日常生活中不產生交集，但很可能因為品味相似、興趣相同而聚集在一起。基於興趣匯聚起來的陌生人，反而有更大的可能創造不同形式的價值交換——它更傾向於不發生實際的利益聯繫，而能在資訊、資源和機遇等各個層面互相幫助。

比如購買相同的商品，推動某一品牌的產品展開行銷活動，對共同愛好的推廣，網上慈善活動（動物保護）等等。這些都可以歸類為「分別滿足」的價值交換，具有愛心幫助、義務服務的特點，是完全非功利性的。

安菲爾德深諳此道。二〇一一年，他在倫敦成立了一個名為「一句話」（one word）的社群組織。加入社群的每個人都可以就自己身邊的事隨時發表一句話的分享，但不得無病呻吟，必須是實質性地對他人有幫助、啟迪作用的內容。

例如：

——滙豐銀行倫敦分部應徵三名理財經理

——有需要寵物狗的嗎？

——我有一批辦公電腦想便宜處理

——誰能陪我去參加週末的一場商業聚會，也許能談成新生意？

成立的第一年，這個社群就有7千多人加入；第二年夏天，人數達到2萬人。安菲爾德隨後控制加入人數，設置了3萬人的上限。他認為再多的人數已經不能為社群提供不重複的新鮮資訊。事實上，當社群人數到達1千人時，就已構成了一個惠及倫敦及周邊地區線上聯絡的資訊網。

人們透過這個平臺解決了自己的許多問題，每個人敲上去的「一句話」對其他人而言都可能是一次機遇，或者能提供一些稀有的資訊。

當興趣和價值結合起來時，生活中無處不在的「碎片資訊」突然就有了用武之地。有些資訊對我是無用的，但卻對遠在百里之外某一位苦惱的女性、某一名憂慮的辦公室經理大有用途。要達成這樣的交換，我們得建立連結。而為了能愉快地與陌生人交流，首先確立一個篩選標準是十分必要的。

一、要看看自己面對的是什麼人。

意即我們不能無條件地相信某一個人。就像安菲爾德的「一句話」社群設置的門檻一樣：如果你不能簡單地介紹自己是一個什麼樣的人，就不具備進入群組的資格。假如弱關係網是一種可控的社交，就必須保證你面對的、連結的是自己能夠或有條件信任的人，以免給自己的生活製造負能量。

這一原則表明了在隨機連結的互聯網社群中，弱關係社交仍然保有部分強關係對於好友的要求——你得看看自己結交的是哪一類人，他們能提供什麼，你會因為什麼而與他們相互交流，這樣的聯絡人靠不靠譜，職業身分、性格或過往歷史等資訊會極大地影響你們的互動效果。

二、強關係和弱關係的價值交換有根本的不同。

在強關係網中，名聲往往占據極為重要的地位。一個人某方面的名聲不佳，可能他所有的親朋好友都不再相信他，導致他在其他方面也會遇到交流困難。但在弱關係網中，某方面的名聲則不那麼重要。儘管名聲仍然影響一個人的社交，但就具體的價值交換來看，他完全可以在其他方面沒有阻礙地得到人們的資訊支援。

通俗地說，弱關係為那些在熟人關係網中風評不佳的人，提供了另一個更加廣闊的社交出口。因為弱關係的價值交換經常是隨機的，人們可能沒有興趣深挖你的歷史。由於不存在深度的利益糾葛，人們也沒有必要對你自身某些不相關的問題斤斤計較。不過，對我們個人的成長與長遠的社交形象來說，為自己打造一個良好的名聲還是非常重要的。因為好的名聲始終是一個人經營人際關係的重要保障。

總結：弱關係的隨機法則

我們知道，「隨機性」意味著這個世界的每一個人都可能隨時與你建立聯繫。比如網路上、生活中的泛泛之交，在宴會中偶遇而產生交流的陌生人，在微博或者微信短暫互動的網友，這些連結具有隨機性，但可能給我們帶來了意想不到的大幫助。這就是弱關係的「隨機法則」。

弱連結具有極強的隨機性與觸發性。每個人的生活和工作中都有很多的弱連結，有的你發現了，有的則被忽視。這些弱連結在小世界中具有隨意性和極強的觸發性——它不是有預謀的，也幾乎沒有一個按部就班的過程，大多時候它也不是理性的。

比如，我們在自己的微博或微信中加好友，在個人網站中增加朋友和陌生人的連結，或者因某篇文章關注一個公眾號，然後你就可能與他們發生連結，或經常訪問、關注這些連結。從一開始，這種連結就是隨機的，而不是你制訂已久的計畫。

透過這些連結，你發現自己又與更多的人、個人網站和公眾號建立了聯繫。每一個連結都是一個中轉站，他們既獨立又互相串聯，和你一起結成了一張無限的大網。仔細看看，這樣的關係網是不是像一張宇宙全景圖？每一個人、每一個連結就是一顆發亮的恆星，充分地串聯起這些恆星，就構成了一個無限的絲狀星空。

因為這個網路，世界變小了。我們可以在這個網路中隨機地聯絡任何一個人，理論上可以看到、得到每一個連結點的資訊。

弱關係的驅動力不是金錢和血緣，而是以資訊為基礎的價值交換。二十六歲的年輕人凱爾做了一次弱連結實驗。他用一根紅色的迴紋針，研究在經過了十四次交換之後，會發生什麼事情。

他為自己換到了一棟位於加拿大吉卜林小鎮的豪宅。

一根針的價值是很小的，怎麼能為他換來一棟豪宅呢？透過他的交換過程，你會發現，除了這個突發奇想的點子以外，交換中，基於弱連結網路所具備的隨機性，讓這根原本價值不大的迴紋針逐漸升值，變成了一個受萬眾矚目的傳奇。

因為在每一次的交換中，這根針都把人們不同的需求連結起來，創造了巨大的價值。換句話說，讓人們連結下去的驅動力不是金錢，也不是彼此的血緣（大家都是陌生人），而是以資訊為基礎的價值交換。人們從這根針的傳遞中得到了資訊，實現了某種價值。於是，這根迴紋針就因為這些隨機的連結而最終擁有了一棟豪宅的價值。

對於一般人來說，透過這些隨機的弱連結，為自己的工作或是生活帶來的不是金錢，至少它沒有直接帶來物質，而是幫助你快速獲得一些意想不到的機會或者訊息，這些統稱為「資訊」。資訊承載著價值，最終助你解決了某些棘手的問題。在強關係中，這是很難的事情，但在弱關係的世界，只要你找對了人，就是一件輕而易舉的事情。

拓展弱關係，你要建立自己獨具特色的「價值體系」。

在本章的最後，問自己三個問題：一、我能提供什麼？二、我需要什麼？三、我如何評價自己？回答這三個問題，為自己畫出一幅基本的社交圖譜。也就是，我是一個什麼樣的人、自己有什麼優勢與缺點。

這三點決定了我們在社交中的坐標和方向，組成了我們的社交ＤＮＡ。在弱關係的世界裡，我們能拿來交換的不是血緣親情，也不是親密友情，而是我們能對他人提供幫助的東西。透過確立自己的定位，分析自己的價值，找到一個明確的方向，然後你才能制訂正確的計畫。

一個人對他人的吸引力並非完全來源於他在某個領域的過人能力，而是他獨具的個人魅力，比如包容、善良、開放、想像力及幽默等。要將這些特點融入自己的「價值體系」中，吸引弱關係的連結，擴展自己的社交網。

有一句話說得好：「向山走過去，讓山走過來！」既要積極主動地拓展弱連結，也要提升自己的個人魅力，吸引更多的人主動與你連結。我們要讓自己成為社交舞臺上閃光的中心點，而不是一個黯淡無光的邊緣人物。

Part 08

弱關係中的行銷學

資訊時代，如何引爆社交強能量

一傳十、十傳百的口碑風暴

現在，我們生存的世界是一個被大量資訊包圍的「資訊海洋」，從睜開眼睛的那一刻起便資訊氾濫。對於每天無處不在的廣告轟炸，人們已經習以為常了。打開電腦和手機，隨處可見商業推送資訊，社交平臺也是廣告傳播的主要管道，比如微博推送。

在資訊過量的情況下，人們對與商業有關的廣告逐漸產生了免疫，逛街時對看板視而不見，看電視時習慣性地忽略廣告，電腦和手機也開始安裝廣告遮罩軟體。只有在聽到親朋好友的推薦或接收到聯絡人的購物連結時，才會對特定的商業產品有所注意。

同時，消費者在想購買某一類產品時，不再相信電視或網上的廣告資訊，連明星代言也將信將疑。這時人們最先想到的、最喜歡做的就是向親朋好友或者同事諮詢，請他們推薦相關的可信產品。這就是口碑的力量。

在口碑行銷中，強關係和弱關係都發揮著巨大的作用，尤其是以廣泛的弱連結為基礎的社交聯絡人，充當了產品傳播的主力。一個好的產品被人們接受後，它的優點就會一傳十、十傳百，透過口口相傳、微信、微博等迅速紅遍整個市場。而且，這個過程是低成本的，廠商完全不需要像傳統的行銷手段那樣刻意地投入大量的人力、物力，既節省了資金，又取得了傳統手段難以匹敵的效果。

因此，如果我們能夠及時利用互聯網技術對於行銷形態的改變，就會在商業行銷中大有斬獲。互聯網社交的出現，理論上可以讓你在一秒鐘內與地球上任意一個角落的陌生人建立聯繫：

和他打聲招呼。

發送一張圖片或一段文字。

加他為好友。

透過查閱社交帳號的個人資料，瞭解他的基本資訊。

討論任何話題。

……

人們手指一動，就能讓世界另一端的某一個人知道你所知道的一切事情。假如100個人、1千個人、1萬個人同時討論一個問題、一個產品、一個消費資訊呢？這將創造多大的訊息量，引發多麼宏大的傳播效應？

利用口碑傳播的間接手段，商家已能低成本地激發潛在消費群體的好感，在市場上製造一種流行。這時，弱關係從一種人際概念轉變成了市場概念，它賦予了行銷新的活力。

值得一提的是，口碑的傳播是富有人情味的行銷形式，能為產品贏得更多的消費者，並不被人們反感。

弱連結推動「口碑效應」

二〇〇八年夏天，奧美廣告公司為康師傅冰紅茶製作了一個名為「HAPPINESS ANYWHERE 快樂不下線」的主題推廣活動。這品牌的目標消費群定位於當今青春、活力的一代，也就是「九〇後」族群。音樂、體育、影像、聊天、交友、遊戲是他們上網的重要習慣，「九〇後」追求時尚，事事敢為人先。

於是，策劃者選擇貓撲、人人網、騰訊、淘寶以及重要視頻網站，與之展開深度合作，結合各網站的特點及年輕族群的使用習慣，量身打造活動。

例如，他們在貓撲網推出了「漫畫真人秀」活動，讓網友上傳圖片故事或給劇本配旁白……利用其娛樂互動社區黏著度較高的年輕族群，利用他們的創新意識、搞怪愛好，激勵其參與。兩個月內，策劃者就收到了作品達一萬五千件。

同時在人人網，他們推出了「曬照片、樂翻天」的活動。透過推行「一鍵式」參與法，最大地簡化操作，激發用戶的參與樂趣，再配合人人網的傳播機制，推動好友與聯絡人間的「二次傳播」，參與人數也超過了4千人，收到的有效作品達到一萬六千件，使冰紅茶產品的形象更加深入人心。

在視頻網站上的推廣也充分參考了互聯網社交與流量聚集的特點。比如，策劃單位在酷6網上展開了「達人串串秀」的活動，選擇了4位有影響力的網紅，召集跨行業、跨年齡、跨國籍的網友影片接龍，用簡單新穎的創意傳遞歡樂，讓更多網友與冰紅茶親密接觸。與騰訊的合作則推出了產品與QQ企鵝形象相結合的魔法表情主題包，供網友下載，最後取得了高達三百六十萬次的下載量，其間有大量的用戶主動轉發，加快了傳播速度。

這一系列活動搞下來，冰紅茶產品很快就鋪滿了市場，取得了積極的口碑效應。因為整個行銷的過程都是由網友在參與中主動完成的，沒有人強迫，也沒有人花錢雇用他們硬性推廣。網友的每一次點評、分享和轉發，都是基於自己真實的體驗，這無疑給了別人非常有力的觸動，讓這款飲料產品在市場上站穩了腳。所以，冰紅茶產品從此紅遍全國。

這是弱關係行銷的典型案例，是一次由弱連結推動的口碑效應。口碑效應是由於消費者在消費的過程獲得的滿足感、榮譽感，並由此產生、向外逐步遞增的「口頭宣傳」的效應，有了互聯網平臺的加入後，這種自發的傳播效果翻倍增加，有時可以讓某件事在一夜間傳遍全國，甚至到達世界的每一個角落。

為何口碑如此重要？

第一，一種服務或產品的好口碑，不僅在於讓客戶滿意的結果和產品本身，更多的是要滿足客戶對於消費過程的挑剔。

第二，客戶的消費體驗只有在大規模的傳播中，才能真正得到驗證，同時被檢驗的還有產品和服務的品質。有多少人願意自覺地傳揚你的口碑？即便只有幾千人參與，對一個產品或一種服務的褒獎所產生的正面宣傳效果也是驚人的。

第三，在口碑的傳播中，我們要同時滿足人們的三種需求，一是產品，二是服務，三是附加值。這三者缺一不可，而且每一個細節都會在人們的自發傳播中經受重重考驗。

「接觸點」無處不在

在分裂式的傳播中，每一個轉發的人都在事實上成為一個新的「接觸點」和「發送點」。這些人和你沒什麼關係，但他們看到了一種好的產品，有了愉悅的體驗，然後告訴別人。他們未必是透過電話告訴自己的親人和朋友（這是單向式的點對點），而是有可能寫一篇體驗微博或在微信上抒發一個感慨。於是，每一個人的轉發和推送，都可能立刻被幾十、幾百乃至成千上萬的人看到，然後繼續轉發出去。

在一系列網路活動的推廣中，康師傅的冰紅茶飲料利用弱連結的接觸點，在極短的時間內就取得了目標消費群的積極回應。不到兩個月，廣告的總點擊量就超過了八百四十萬次。這是一個無比驚人的數字，是傳統廣告無法比擬的。

弱連結的「接觸點」具有兩個顯著的特點：

一、分布於不同地區、網路終端的每一個接觸點所獲得的資訊都是碎片化的，有時並不是完整的。

二、弱連結的接觸點無所不在，且沒有時間、地點、年齡和性別的限制，接觸點具有完全的自由屬性。

所以，儘管每個人傳播出來的可能僅是一些特定的資訊碎片——有的人轉發了產品活動的贈獎資訊，有的人則關注參與形式，有的人向朋友分享的是產品的價格和優惠等等。但這些資訊碎片在宏大的傳播規模中，逐漸在消費者的心目中合成了一個完整的概念，塑造出了產品的品牌形象，最後深入人心。

商機源於只見過幾面的陌生人

二〇〇八年的冬天，我在北京開了自己的第一家產品體驗店。我們都知道，現在手機、電腦等產品非常流行體驗文化，但在當時，這還是一種比較冒險的商業理念，更何況我的體驗店賣的不是娛樂性強的電子產品，而是一些文化商品：書籍和地圖等。

關於店鋪的風格，在設計之初，我和合夥人就一直在討論未來的市場空間。他對前景的擔憂不無道理。「即便是市場需求量很大的東西，現在開實體店也不是很好的選擇，越來越多的商家都在透過網路走貨，更何況我們賣的是冷門產品。」

就這樣，體驗店在我們的重重憂慮中開業了。但我堅定地認為，不管多麼困難，體驗文化都是未來的一個大趨勢。最重要的是，我們必須度過前期較為艱辛的階段。開業之初，我的心情也很忐忑，因為第一週沒有成交一筆生意，連五元的卡通地圖也沒有賣掉一份。兩週後，我們的成績單是六本書、四張地圖、十五張好萊塢經典電影的紀念海報。

合夥人算了一筆帳，按這個日均收入持續下去，一年後我們將賠掉90％以上的投資，血本無歸。怎麼辦？當時，這個問題每分每秒地在我的腦海中迴盪。為了擺脫困境，我們開始做推廣，方法不外乎：

·雇人到街上發海報、優惠傳單。

·網上做廣告，進行定向推廣，公布店鋪的位址和經營特色。

·請行銷團隊策劃全方位的市場行銷策略。

兩個月過去了，這些方法發揮了一定的效果，但並不明顯。銷售成績有所提升，也只是從每週八本變成了十二本，從每年賠90％的錢降低到只賠70％。這不是長久之計。所以體驗店開了七個月時，我第一次有了關掉這個店的念頭，專心做自己的產品投資生意，而不是擺弄這個店鋪。

事情的轉機出現在一位顧客吳女士身上。有一天，吳女士到我的店裡，合夥人接待了她。她經過附近，車正好壞在了店門口，等人來拖車時，她出於好奇便進店一觀。吳女士順手買了幾樣東西，覺得很有意思，稱讚了幾句。合夥人又送了她幾張紀念海報，還有一個體驗館的介紹：在體驗館，可以重溫許多經典電影，並用高科技設備「聽讀」一些名著。

吳女士很感興趣，但時間有限，沒來得及細細體驗就走了。隔了兩天，店裡就來了6、7位女顧客，正是吳女士和她的朋友。她帶著朋友專程趕回來體驗我們的服務。整個下午，店裡的雇員都沉浸在亢奮與幸福之中，因為這是我們首次迎來真正的顧客。

這是生意「真正的開始」——吳女士和她的朋友成了我們的「宣傳大使」，不是行銷公司，而是這幾位陌生人推動我們的生意走出了成功的第一步。她們對這次消費非常滿意，然後去網上寫了自己的感想，分享給更多的人。這些真實的消費體驗，遠比幾則狂轟濫炸的廣告管用。

現實總會讓你認同這個觀點：我們和陌生人的搭訕，或者為陌生人提供的一些超值服務，經常能夠換來意想不到的商機。**因為陌生人作為一種弱關係，在宣傳上比強關係更能給予大眾可信性**，他們的推薦更有說服力。相反，在替我們宣傳時，強關係在人們眼中經常是毫不可信的。人們毫不猶豫地將其視為「暗樁」，因為這類行為的確時有發生。

有一個人在公路旁邊開了一家食材店，他是賣養殖雞和雞蛋的。開業後，生意一直很好。朋友和同行都很奇怪。「這種生意並不好做，十有八九會賠本，你不但沒有虧損關門，反而一直這麼賺錢，你是怎麼做到的？」

他說：「我不想向大家炫耀，但我說一下原委，也許對你們有幫助。店開業的前幾天正好降溫，天氣很冷，沒有一樁生意，我就躲在屋裡烤爐子打遊戲，忽然聽到門外有人聊天，我出去一看，原來是兩位外地人在國道旁等車。那條道上的過路車是很少的，說實話，不是做生意的好地方。由於天氣極冷，他們的衣服又單薄，兩個人凍得全身哆嗦，我就把他們請到了屋內，倒上兩杯熱茶，一起坐在爐子邊攀談了起來。他們問我做什麼生意，賣什麼東西，我一一作答，後來他們提出來看一看店裡賣的雞和雞蛋，臨走前，執意要買一些。我說，你們是小店的第一單生意，就不用付錢了，我給你們每人送一份。幾天過後，店裡來了一個客人，一進門就說，他需要三百隻雞、一千枚蛋。細聊之後我驚訝地得知，原來他是幾天前那兩個人介紹過來採購的，而且是要長期地大量採購。」

這個生意人是幸運的嗎？有一部分運氣因素，但他善待陌生人的舉動為自己贏得了機遇。那兩個等車的人回去以後，燉了雞，煎了蛋，覺得味道很好，於是大肆宣傳他這裡的東西，並推薦給朋友——某食品公司採購部門的主管。這個人品嚐以後，也覺得很好，便慕名前來採購，和他訂了長期訂單。僅此一個客戶，就足以保證他的生意賺到大錢。

這表明：弱關係的商業潛力是無窮的，只要你對身邊的陌生人保持關注。正是那些只見過寥寥幾面的人無意中決定了你的生意生死，給你帶來一些重大的機遇。就像我的體驗館一樣，一位陌生女士串門式的體驗，成了把產品和服務傳推出去的驅動力，使得顧客盈門。有時，這是我們的強關係做不到的。在弱關係的行銷中，我們最需要的就是陌生人的宣傳和推廣，而不是和你比較親近的熟人。

如何用弱連結擴大行銷網路

有效地利用「弱連結」，能夠將我們的品牌社會化，將粉絲（弱關係群）串聯起來，組成一個社群化的市場網路，這是今天及未來的品牌行銷所能達到的最高境界。

在互聯網行銷時代，核心的工作已經不是叫賣產品，而是與粉絲們互動。互動是為了傳達資訊，並讓粉絲幫助轉發和形成討論。在轉發與討論中，行銷就結成了一張大網。在這張網格中，資訊的傳遞是數位化的。

為了實現這個目的，單純的「強連結」策略是遠遠不夠的。強關係的數量有限，最多不過1百多人；弱關係則無窮無盡，可以涵蓋整個世界。

「強連結」的缺點

行銷中，人與人之間透過商品服務展示出來的「弱連結」是什麼形態？舉例來說，微信、Twitter上朋友的朋友，微博上的單向關注，百度知道等問答網站上的提問者和回答者之間的關係，都屬於「弱連結」——他們之間透過服務、問答的資訊交換實現了弱連結，當與商業結合在一起時，就形成了事實上的弱關係行銷網。

一、資訊的交換表現為間接性。

二、關係的連結表現為單向性。

三、資訊的服務表現為暫時性。

這三個特點共同構成了弱關係行銷網的核心，決定了弱關係行銷低成本、高速度和範圍大的優勢。間接性的資訊交換使人們能夠從更多的人那裡得到專業的服務，單向性的關係則使人數沒有上限，服務的暫時性使我們的資訊更新有了可能。

「強連結」在這三個方面則完全不同，並具有一些不利於資訊擴散的特點。強關係內部單純的連結與資訊交換，容易誘發極端的群體傾向，形成統一、牢固但又封閉的認知，進而拒絕變化。如果以達成強關係的目標來進行行銷，你會發現在獲得極高品牌忠誠度的同時，又會侵蝕品牌對於不同層面的人群的正面影響力。

一、連結的強度高：表現為與特定對象的長期雙向互動。

二、連結的密度大：表現為建立特定的交流管道，並與粉絲形成緊密的互動關係。

三、鼓勵了認知的偏差：選擇性地引導用戶表達傾向性觀點，達成群體內的共識，最終產生一種封閉的小眾文化。

透過上面三個特點你可以看到，以強關係為主的群體在一開始就因牢固的連結而抱成一團，產生某些「強連結」粉絲群體結構的偏執觀念。例如，一個由熟人組成的行銷網路對外在的負面評價會格外敏感並激烈地抵觸——他們對於產品無比忠誠，但思想和行動都略顯極端，且對自己正在做的事情深信不疑。

一個粉絲群體的內部交流越頻繁，關係越緊密，他們的整體表現就越激進，在旁觀者眼中甚至是不可理喻的。我們在一些偶像明星的粉絲群體身上經常能看到這一點，他們的內部互動就屬於強關係。但在那些內部關係較為鬆散、以間接交流為主的粉絲群體中，就少見這種現象。

「強連結」的粉絲群還會因為不間斷的自我洗腦、誘導性的資訊分享等手段，對群體本身進行一定的自我改造，逐漸變成一個封閉和小眾的群體。這時，它對於行銷的幫助就已經不是正能量，而是一種負能量了。

它的表現為：

第一，人們在互動中習慣了自說自話，無視環境的變化和對自己不利的資訊。

第二，品牌與粉絲的互動環境是相對封閉的，品牌和社會、競爭對手之間的連結被隔開了。

第三，隨著互動的增加，粉絲群體的優越感呈現上升的趨勢，這使得他們拒絕一切負面評價，構成對品牌的傷害。

我們並不是說實施強關係的行銷策略必然會損害品牌的成長，而是提醒每一個人注意：單純的強連結策略可能誘發群體的極端化，使成員在溝通中以團隊的形式向極端的方向演化，最終形成一些較為極端的觀點。這對品牌的成長絕不是有利的。

有待開發的「弱連結」

透過使用數位化的互聯網服務，各國網民的線上聯絡人的平均數量，已遠遠大於線下真實生活中的聯絡人數量。這是因為透過數位化的社會網路服務，人們能夠較為輕鬆地維繫更多的弱連結關係。

三十年前，我們和朋友聯絡只能透過電話、電報和書信，弱關係的數量極為有限，且資訊交換緩慢；但是今天，聯絡朋友的方式多種多樣，除了傳統形式外，還有數量眾多的社交軟體，能夠管理的聯絡人數量在理論上近乎無限。

互聯網對維護弱關係具有巨大的作用，網路工具讓我們能夠簡單方便地完成大量的人際互動——在傳統社會中無法完成，同時彌補了我們大腦記憶的不足。與由互聯網推動的社交形態的天翻地覆變化相比，行銷的腳步似乎走得慢了一些。弱關係和弱連結已是數位化時代的社會網路的靈魂，但在行銷領域，它還是一塊有待開發的寶地。

「弱連結」的價值尚待開發，主要因為我們對於行銷工具的開發尚不給力。行銷策劃機構的第一衝動仍然是採取熟人推銷戰略，他們本能地覺得熟人更加可信，因此制訂行銷策略時的計畫總是基於強關係。

比如在社區花費了大量的精力，對「強連結」粉絲群的建設投入巨額資金，然後獲得心理上的安全感。對於互聯網社交工具，他們總是若即若離，或者保持不冷不熱的態度。多數行銷人並沒有真正意識到這些工具和平臺所蘊藏的傳播能量。

數位化的社交網路與強關係的行銷推廣並不匹配，至少不會發揮太大的作用，因為強連結和強關係仍然主要靠面對面的高頻率互動來完成，它完全可以不依賴任何網路工具。強關係本身就是熟人關係網的另一種符號。我們沒了手機、網路和微博帳號，和熟人的關係不會有絲毫改變，但會對弱關係產生顛覆性的影響。

所以，現代社會的互聯網社交平臺及網路工具（微信、微博、Twitter 等），實質上都是在依靠弱關係創造價值，這些平臺和工具也是以弱關係為核心的新型行銷的絕佳戰場，它代表商業傳播的未來。

如何才能將「弱連結」的傳播價值充分開發出來？

一、提升對「弱連結」資源的開發等級。不要採取「強連結」在傳播方面的優先順序策略，不要再對弱關係資源視而不見或重視不足。

例如，大多數社交平臺諸如Facebook、微博等等，在為使用者選擇性地推送資訊時，仍然按照關係的強度排序，聯絡頻繁的好友的狀態更新被優先篩選出來，這實際上仍是強關係的行銷理念。我們要把屬於「弱連結」的市場資源與用戶群提高到重點開發的層級，確立它在行銷策略中的核心地位，然後才能針對性地制訂務實的行銷計畫。

二、不是將「弱連結」導向「強連結」，而是以「弱連結」為主體。我並不推崇行銷工作中將弱連結改造為強連結的努力，這不僅毫無意義，且弊大於利。這無異於將一個鬆散開放的無限市場，縮小為緊密封閉且有限的粉絲社群。

有的行銷部門主管喜歡搞一些聯誼活動，他們鼓勵粉絲與產品推廣人員加強雙向關注，形成一個事實上的「強連結群體」。這麼做並不總是有利的。他會獲得一些粉絲對品牌的忠誠度，但也會使自己的用戶群喪失必要的開放性，並形成等級之分，對尚未開發的用戶未必能產生正面的影響。

三、全面地使用各類工具。我們應該把產品推廣定位於資訊傳播的層面，並使自己善於利用當前各種互聯網社交平臺，熟悉而精明地使用這些工具，制訂適合不同工具和平臺的弱連結推廣策略。比如微信、微博、QQ、人人網等社交工具的應用環境和用戶定位都有各自的差異，用戶所呈現出來的行為特徵也不一樣，必須對此詳細研究，重視並制訂有效的傳播計畫。

四、擴大我們的關注面向。以往的廣告業者視野狹窄，進行產品宣傳時往往集中於某一、兩個點進行突破，比如針對白領或學生，針對女性用戶或中老年群體等。單獨定位於某一個群體，是熟人行銷時代的成熟戰略。但在互聯網時代，品牌的推廣已經不再是拿下某一個關注面的問題，我們需要有製造「全民效應」的意識，在資訊傳播時努力將不同年齡、職業身分、地區、價值取向的群體納入進來，讓他們全部參與一場傳播的盛宴，這樣才能最大化地釋放弱關係的市場能量。

突破社交網的限制，避免社群化行銷的缺點

社交網讓我們成功，也會讓我們失敗。對這個觀點，股票投資領域的傳奇人物巴菲特也極為認同。「人們不斷地退出舊的社交網，又成立新的社交網。人們活在社交網邏輯中，總喜歡一些人待在一起，集體行動。就像華爾街的那些人，我厭倦這種生活，痛恨這種環境，所以我不去華爾街很久了。」

一旦我們形成了一個牢不可破的社交網，就好像建立了攻守同盟。這時，資訊的流通便逐漸成為一個問題。中國許多企業在奉行社群化行銷，這是新的理念，就像小米公司正在做的和已獲得的成功，但社群化行銷難以避免地沾染了強關係所附有的缺陷。一個社群就等於一個社交網，哪怕只是半封閉的，也影響了我們透過它來真正地擴大市場。

要打破這種局面，我們需要運用新一代的社會化和互聯網式的社交理念，挖掘弱連結的價值，突破社交網的限制。我認為，要解決這個問題，只要看看谷歌是怎麼做的就可以了——「Google+」的出現就是對於「關係網」的突破，對使用者的社會網路中的強、弱連結做了平衡處理。它既有利於建立社群，又能保持足夠的開放性，吸引更多的弱關係加入進來。

保羅・亞當斯奠定了「Google+」產品的基礎設計，他在自己著名的《真實生活的社

會網路》（The real life social network）一文中寫道：「人類的大腦在不斷參與社會生活的進化過程中，早已經發展出處理強連結和弱連結的思維框架，並且對此習以為常。」

人的大腦渴望走出社交網的限制，我們的行銷何嘗不是如此？為何不充分利用人心的需求，迎合現代人的社交趨勢，開闢行銷的弱關係市場？不管你是賣產品，還是賣服務，都要跟盡可能多的人建立連結。

顯然，一個封閉的社交網和社群是攔路虎。實際上，Facebook、微博和微信等社交平臺，已經在對「社交網」的概念進行徹底的突破。以往的粉絲群不再是主流，新的社交正跳過「群」的概念，轉而管理主要由弱關係構成的無限網路。

面對社交網外面的廣闊世界，品牌的推廣者，你們準備好了嗎？

弱關係中的「強市場」

從五、六年前開始，企業或商家就見識到了微博等社交平臺在行銷中的強大威力。作為弱關係的典型載體，微博等平臺對資訊的傳播和放大是恐怖的，我們經常難以預料並難以控制人們自發傳播的後果——你很難想像得到會有多少人參與。

強大的流量和永不停歇的連結，讓商家找到了一個製造轟動效應的絕佳平臺。顯然，企業和商家希望看到這樣的場景，他們每年花費大量的資金進行行銷，為的就是擴散產品和服務的知名度，在銷售中獲得更多的消費者回饋，建立更廣闊的消費群。

當互聯網平臺能將人最大化地聚集起來時，一種基於流量的新行銷方式就誕生了。它方便快捷、威力巨大，並且成本低廉。

流量的傳播威力

流量的背後是平臺的力量。作為微博模式的開山鼻祖，全球價值最高的社群網站Twitter的成立標誌著流量行銷模式的產生。

這一模式的過程非常簡單：

關注→發表資訊→轉發→集體傳播

因為可以安裝在手機終端使用，並讓定向的資訊傳播與取得上升到了一個新的高度，Twitter和中國的微博在一開始就成為流量的高聚集地。在這類平臺上，人們能透過關注方式，可以單向地跟隨目標使用者，接收對方的資訊，這就構成了一種弱關係。

理論上，這種關係可以是無限的，一個微博用戶可以有數千萬人關注，每條資訊在發出之時，原則上就會有數千萬人看到。這只是第一次傳播，當關注者將資訊轉發出去時，就會形成分裂式的二次傳播效應。

於是，Twitter 和微博具有了天然的媒體屬性。企業紛紛註冊了自己的官方微博來發布消息，推廣產品和服務。特別在發生突發事件時，Twitter 和微博的傳播速度和效果都是傳統媒體與平臺無法相比的。由於有分布世界各地的連結隨時發布消息，因此它具有傳播的即時性，並且擁有強大的聚集力和無與倫比的傳播速度。

一、孟買事件

二〇〇八年十一月，孟買發生了襲擊事件，並且首次透過 Twitter 向世界各地傳播，早於其他主流新聞管道。事件發生後，世界大量的新聞媒體都採用了 Twitter 上的消息，但它們所發揮的效果遠遠比不上 Twitter，這是第一次證明了社交平臺基於弱連結的傳播效果有多麼驚人。

二、哈德遜河飛機著陸事件

二〇〇九年一月十五日，當紐約發生哈德遜河飛機著陸事件時，Twitter 同樣早於其他新聞媒體，提供了現場圖片和即時的事件報導。大量 Twitter 使用者對消息的轉發和點評，引發了全美民眾對事件的關注，最終演繹成了一場讓人感動的迫降奇蹟，鼓舞了人心。在這種由無數用戶參與的傳播中，行銷的不是產品，不是災難，而是正能量。

三、汶川地震

二〇〇八年的五月十二日下午兩點二十八分，中國發生了汶川地震。Twitter 上的第一條關於地震的消息於兩點三十五分三十五秒發出，比排在它後面的彭博新聞社快了二十二秒。

四、三星手機爆炸事件

二〇一六年，三星公司的某款手機因品質問題在全球範圍內被召回，原因是在使用過程中突然發生爆炸。事件經過微博、微信等社交平臺的傳播和發酵，演變成一場嚴重的企業危機。這是企業行銷和公關中一個非常典型的負面案例，即：一個壞產品的消息經由無限弱關係的傳播，對企業產生致命的打擊。

適應人和人對「互動交流」的需求

我們要抓住流行，就像設計一款產品一樣，你必須知道人們喜歡什麼——不是你認識的人如何評價，而是那些你不認識的人會喜歡什麼樣的產品。這就是對流行的關注，你必須滿足大多數人的需求。

戴爾公司曾經發布過一條資訊，它在 Twitter 上用來宣布各種銷售資訊的

「@DellOutlet」帳號，目前已經有近118萬名的追隨者。這是一個龐大的數量。透過這一管道的宣傳促銷而賣出的各類產品——PC、電腦周邊和軟體等，已經獲益超過六百五十萬美元。這還是一個保守的數字，並且正在持續增加。透過互聯網平臺，戴爾公司的員工發送即時消息給顧客，推送產品資訊，瞭解顧客需求，為公司的決策提供參考。

其他公司有更好的資料。這意味著Twitter、微博、微信等本來被視作社交工具或企業品牌宣傳的平臺，已經被有眼光的企業和商家改造成了可以營利的管道。在這上面，行銷的東西就是流量。流量越大，意味著你獲得的關注就越多，而你可以從容地瞭解人們的需求，制訂政策。

弱關係行銷要適應用戶互動交流的需求。用戶永遠都想找一個可以討論的地方，他對產品的觀點、要求或者不滿，需要透過一個平臺表達出來。所以，這給了社交工具變身企業行銷舞臺的機會。人的需求本身就是最大的理由，而你要適應這種不可阻擋的大勢，順應資訊傳播方式的變革方向。

龐大的流量就是企業的資產，因此必須創造流量。社交平臺如今已成為人手一個的「接觸點」，每個人都透過手機接入互聯網社交，構成了潛在的流量。圍繞一個公共事件或一個產品，人們能製造強大的「客流量」，一起進行集體的狂歡。這些流量就是企業的資產。可以這麼說，未來誰擁有最多的流量，誰就手握最犀利的行銷工具。

總結：用弱關係建立最佳商業模式

在本章中，我們看到了弱連結對企業行銷的巨大作用。一方面，弱連結代表了互聯網時代最有效率的傳播方式；另一方面，弱連結本身又是我們急待開發的一個消費市場。如何利用無處不在的弱關係，在打響企業招牌的同時將流量轉化為收益，就成了我們應該認真規劃的課題。

讓弱關係變成強商業關係。嚴格意義上，弱關係不能算作人際關係。但在商業關係中，它卻具有強烈的脈衝作用——可以幫助我們強有力地傳播訊息，帶來機遇。行銷中的弱關係與我們之間並不是等價的利益交換（等價通常屬於強關係），而是超值的利益回報。沒有商業聯繫時，弱連結或許什麼也不是，但當商業聯繫發生時，我們從中收穫的回報將是無比驚人的。

不過，弱關係絕對不是臨時找來的，我們需要在平時就不斷地積累關注——就像企業的微信公眾號、官方微博等，設立一個類似的平臺，盡可能多地增加關注，才能在需要時將這些弱連結轉化為強大的商業效應。

做好資訊累積：機會永遠留給有準備的人。如何才能做好資訊的積累，為企業準備好足夠的「弱連結」？

第一，你平時是否願意花大量的時間去瞭解、收集和整理企業的弱關係脈絡？比如，在各個社交平臺開設官方帳號，增加關注度？

第二，你是否定期向關注者和潛在的顧客發送企業的產品和服務資訊，並徵求他們的意見，獲得人們的回饋？

第三，你有沒有對自己的關注者（用戶群）進行詳細的分析和歸類，對他們的年齡、職業和喜好等資訊，是否瞭若指掌？

成功者對此總能做大量的工作。這些工作對我們的未來大有幫助，因為機會總是留給有準備的人。在積累的過程中，我們對於弱關係也不需要刻意地去管理，只要保持資訊方面的即時更新即可，使潛在的商業鏈得以維繫，就等於為企業的產品發布和推廣留下了一個強有力的通道。

口碑效應：利用弱關係的力量推動產品行銷。在互聯網時代，當人們想購買某一類產品時，已經不再輕易地相信電視或網上的廣告資訊，人們甚至連明星代言也將信將疑。這是今天消費者的整體特點。這時人們最先想到的、最喜歡做的就是向親朋好友或者同事諮詢，請他們推薦相關的可信產品。這就是口碑的力量。企業應該充分地利用口碑行銷，使產品的好口碑透過弱關係的力量迅速傳播出去。

在口碑行銷中，以廣泛的弱連結為基礎的社交聯絡人充當產品傳播的主力。比如一個好的產品被人們接受後，它的優點就會一傳十、十傳百，透過口口相傳、微信、微博平臺等形式迅速紅遍整個市場。而且，這個過程是低成本的，企業和店家完全不需要像傳統的行銷手段那樣，刻意地投入大量的人力、物力，既節省了資金，又取得了傳統手段難以匹敵的效果。

所以，假如我們可以及時地利用這些年互聯網技術對於行銷形態的改變，充分借助社交平臺的管道，開拓更多的用戶群，就會在商業行銷中大有斬獲。

總的來說，互聯網社交的出現，理論上可以讓你在一秒鐘內與地球上任意一個角落的陌生人建立連結。

附錄 經營「弱關係」的30條黃金定律

一、**六度分隔理論**：我們和任何一個陌生人所間隔的人都不會超過6個

哈佛大學心理學教授史丹利．米爾格蘭（Stanley Milgram，一九三三－一九八四）在一九六七年做了一次連鎖信實驗，希望為我們描繪一個連結人與社區的人際聯繫網，結果發現了著名的「六度分隔現象」。

在這一現象中，我們和任何一個陌生人之間所間隔的人都不會超過6個！也就是說，你最多透過6個人，便可以連結到這個世界上的任何一個陌生人，包括美國總統、聯合國祕書長、微軟公司總裁等層級的人物。

在米爾格蘭看來，如果我們每個人平均認識的聯絡人是260個，那麼統合到六度分隔理論中，其六度就是 260^6=308,915,776,000,000（約3百萬億人）。消除中間的一些節點重複，這也覆蓋了整個地球人口的若干倍。

六度分隔理論是我們經營好弱關係的核心邏輯之一，我們要與世界上的任何一個社

交網建立連結，同樣不會超過6個人！用最簡單的話描述就是，你最多只需要六次連結，就能從某個陌生人那裡獲得自己需要的資源，達到目的。

二、**150法則**：我們維持強關係的數量上限不能超過150個人

強關係網所能夠容納的人數是有限的，有限的人數決定了無法為我們提供無限的資訊，也不能及時地為我們更新資訊。

「赫特兄弟會」是發源於歐洲，一個自給自足的農民自發組織，這個組織的目的是維持所在地區的民風，並且發揮了重要的作用。有意思的是，他們在內部有一個不成文的規定：每當聚居的人數超過150人的規模，他們就會把組織變成兩個，然後再各自發展。後來，這一規定就演變成了著名的150法則。

一、從組織管理的角度看，把成員數量控制在150人以下是最有利於管理，也是最有效率的一種組織形式。

二、一個群組的人數一旦超過150人，我們就面臨管理上的失控和組織效率的降低。

在150法則中，「150」成為一個普遍公認的「我們可以與之保持社交關係的人數最大值」。不管你曾經認識多少人，或者透過一種社會性網路服務與多少人建立了連結，你的強關係網仍然符合150法則。我們所有的「強連結」在效率層面只夠維持150人，一旦超過這個數值，管理的效率就會大大下降。

在現實生活中的許多領域，我們都能看到150法則的應用。例如，中國移動的「動感地帶」SIM卡只能存150個手機號碼，在社交工具MSN中，也是一個MSN帳號對應150個聯絡人。

這充分說明了強關係連結和管理的局限性。我們無法由自己一個人去連結超過150人還能有效地與之互動，因此必須開拓弱連結，透過六度分隔的方式與有可能發生聯繫的每個人打交道，實現需求的互補和資訊的互動。

三、**二八法則**：80%的社會活動被強關係占有，但20%的弱關係才是高價值的人際關係的連結也符合二八法則，即我們80%的社會活動可能被一百五十個強連結所占據，但另外20%的弱連結才是高價值的，決定了我們的生活和事業。

一個人在日常生活和工作中，會把80%的精力都投入強關係中，和親朋好友打交道，和上司、同事與客戶每天一起工作，這些部分往往占據了我們一整天的時間。除此之外，我們每天或每週會有一些時間與弱關係接觸，比如見見半年未曾謀面的老同學，週末參加社交聚會，等等，但投入的時間和精力很少。

可是真正地改變我們人生的是什麼呢？正是這些只占20%的社會活動部分。例如，你現在的工作並不是親人和職場前輩介紹的，而是來自於一次商業展覽上的某位陌生客戶，你們只談了一次就非常投緣；你的妻子也並不是親朋好友介紹的，而是在一次社交聚會中偶遇，或相識於一個相親網站，這是典型的弱關係平臺。你看，僅僅這兩件事，已經安全改變了你的事業和生活。

四、熟人無用：熟人網絡給我們足夠的安全感，但也為我們設置了一個不可逾越的上限

在未來，我們面臨的是一個熟人無用的時代。熟人的功用仍然存在，但將僅限於對我們的精神支持和心靈撫慰；熟人給予我們足夠的安全感，能讓你在必要時擁有一個精神港灣，傾訴心聲，但作用也許僅此而已。熟人關係網所發揮的功能是有上限的，因為熟人關係網能提供的資訊和擁有的資源都是有限的，並且具有同質化的特點。

在未來，我們所有的社交和事業資源，都將有賴於那些不怎麼熟的弱關係。弱關係或許不能給予你足夠的安全感，但它在資訊和資源層面沒有上限。因此，「熟人無用」的本質是熟人可以為你提供一個基本的平臺，卻無法幫助你飛得更高。意識不到這一點的人，他們就無法理解自己今天如此糟糕的命運。

五、1%法則：1%的人製造內容，10%的人傳播內容，89%的人享受內容

在弱關係的世界中，一個被事實證明的法則正在逐漸成形，那就是：如果在網路平臺有100個人，只有1個人會創造內容，10個人會與其互動（對其評論或者提供改進意見），而其他的89個人僅僅是流覽和享受這些內容。這就是1%法則。

從這一法則來看，資訊的傳播已經變得極為高效，因為我們只需要1％的使用者製造內容，10％的使用者則用來傳播內容，剩下89％的使用者可以輕鬆地享受內容。這一法則使我們從強關係的互相義務中解脫出來，利用這個由弱關係構成的平行分布型資訊網路來快速獲得資訊。

就是說，在這種情況下，我們為了得到一個答案、獲取一個機會，已經不再需要拿起電話打給所有的親朋好友，而是打開窗戶，讓外面的資訊飄進來。你只要在五花八門的資訊中找到自己需要的就可以了。在開放性的世界中，總有一些人在創造和分享一些重要的資訊，你要做的就是轉發和享用。

同時，我們自己也成為其中的一個弱關係節點，成為1％創造內容和10％轉發內容的部分。這個過程中沒有強制的義務，只有主動分享的樂趣，就像微信流行的轉發行為一樣。我們的舉手之勞也會換來別人轉發自己的資訊，何樂而不為呢？運用1％法則，能夠充分地幫助自己融入弱關係的價值鏈，成為開放性世界的一個分子。

六、鄧巴數理論：你最親密的熟人不會超過7個人

無論我們的QQ、微信有多少好友，微博上面有多少粉絲，人類智力允許我們擁有穩定社交網路的人數，最多只有150人。其中，關係最親密的僅僅7人而已，這是著名的鄧巴數理論。

這一理論被認為是很多人力資源管理以及SNS的基礎，我們無法對一個群組進行無限的人員擴充，因為能夠精確追蹤和深入交往的人數為20個左右，最親密的則不超過7個。甚至可以毫不客氣地說，不管你的強關係網有多廣，你最親密的熟人都不會超過7個人。

因此，擴大強關係的社交網並依靠強關係來打天下的計畫過於天真，不是你想一想就能做到的。在過去，人們的觀念是認識1千個人不如深交20個人；但在今天，我們的觀念應該變成深交20個人的同時，再去與1千個人建立弱連結。

對未來的社交，我們的計畫應該是基於一個大的、開放的整體系統，突破強關係對於人數的限制，不再把主要時間都用到親密關係上，而是使用弱關係平臺的每個連結。

要知道，當你認為自己是在對方深入交往的20個人之中時，也許對他來說你只是150個人之外的關係。這可能是盲信強關係之於我們最大的弊端——我們無法精確地彼此定位。要突破鄧巴數理論的限制，就要改變自己對於社交的定位，從弱關係的視角看待和別人的每一次連結。

七、滾雪球效應：有效的弱關係連結會引發積極的「滾雪球效應」

在人們為強關係所進行的辯護中，經常存在著太多的一廂情願和謬誤。比如有的人認為，一個有本事的熟人可以為他帶來很多附加的高品質人際關係，幫他辦成很多高價值的事情。這個觀點的基本面沒有問題。問題是，如果你將他視為自己人際關係的唯一通道，那麼是不存在滾雪球效應的。

的確，一個有本事的人和你建立了連結，成了你的熟人，然後為你介紹其他的人，拉入共同的人際關係，這個雪球可以變得非常大，可它是有上限的。

你認識了一個業內的厲害人物，他成了你的強關係，並不意味著你就能直接透過他認識另外一個厲害人物；你和一個意見領袖成為密友，也並不代表你就會被別人認可。在強關係中，兩者之間不存在因果邏輯。因為強關係天然具有封閉的一面，同時又有數量的上限。所以我們在現實中經常看到，一個人儘管有某位特別有本事的親戚或熟人，可他仍然一事無成，他很難透過這位親戚或熟人跟其他的社交網搭上關係。

但在弱關係的連結中，情況完全不同。相比強關係網的整體性，每一個弱連結都具備單獨管理的一面，弱連結之間往往互不相識，這就規避了同質性。我們與弱關係的聯絡人之間構成了一個又一個獨立的橋梁，分別通往其他的社交網；我們打通這種不存在於任何熟人關係網之間的連結障礙（每個人都能體會到這種現實的障礙）。

因此，我們可以發現，生活中那些為你帶來商業關係、資金管道的總是一些熟人關係網之外的人，而不是你的熟人（雖然他們可能具有這種能力）。透過類似的弱連結，我們等於打開了另一條可以無限連結下去的通道，進入新的關係網，涉獵新的行業，並且推動自己的社交繼續串聯下去。

八、能力是基礎：我們自身的能力是吸引別人主動連結的基本保證

在這一原則中，你將清醒地意識到，當你真的透過弱連結創造了滾雪球效應後——你認識了很多新的朋友，或者說累積到了足夠多的人際關係，有了大量的新管道，發現了更好的機遇；但當你要具體地執行一些計畫時，就會發現自己的能力、想法、理念和經驗才是最重要的東西。

無論你之前用了多長的時間、多大的努力，去爭取並管理自己的強關係與弱連結，從中挖掘機遇，到最後落實在具體的行動中時，最大的瓶頸和最大的成功保證，一定是你自己。

比如有人給你介紹了一個身家百億的朋友，他願意給你一個一億元的專案，熱情地建議你賺點「小錢」時，你是接受還是拒絕呢？決定你能否把握機遇的，最終還是能力，否則你從弱關係中獲得的只是一些讓人羨慕但毫無實際價值的連結，僅此而已。

九、隨機法則：每一個人都可能隨時與你建立弱連結，提供強而有力的幫助

弱連結的隨機性意味著，以往定向、穩固的強關係社交被顛覆了。隨機性代表著連結的不確定性——這個世界的每一個人都可能隨時與你建立連結，產生互動，而且可能是你做夢都想不到的人。例如遠在千里之外的陌生人，網路上、生活中的泛泛之交，在

宴會裡偶遇而產生交流的商業客戶，在部落格或者網誌上有過短暫互動的網友。這些連結具有極大的隨機性，但可能給我們帶來了意想不到的大幫助。

連結的隨機性也帶來了另一種趨勢：費盡心機經營的人際關係，或許比不過一次在手機社交平臺上偶然的聊天。這突顯了線下社交與線上社交的巨大差距。線下，我們為了和某人搭上線需要投入許多時間、精力乃至金錢；但線上，可能兩分鐘就解決了問題。它沒有固定的目標，不需要計畫，也不用投入金錢，實質的效果卻是驚人的。

十、好奇心法則：要對外面的一切都充滿好奇，拓寬自己的視野

手機社交平臺帶來了一個前所未有的新世界，但由於互聯網的存在，人們的社交活動實際上反而有所扭曲——從以前的眼神、表情和嘴巴主導，變成了今天的「拇指行為」。人們動動手指就能瞭解世界，於是很多人對社交的深度需求急劇退化——他們對陌生人的要求不再是「我們能互相給點什麼」，而僅是「陪我一起無聊」。

現實中不少情況都是這樣的：一個人儘管在用手機聊天，與很多人溝通，可他的表情木然、眼神冷漠，聊天的內容也是枯燥和機械的。在這種退化的狀態中，我們對世界、對人和事均失去了最為寶貴的好奇心，這會讓你喪失在弱連結中把握稀有資訊和機遇的能力。在冷淡的狀態中，你根本看不到哪些人、哪些事情的出現對你是重大的利好，也很難接收新的資訊。

所以，有的人在社交場合儘管一直微笑地盯著與他交流的人，時不時地點點頭，其實他一個字都沒有聽進去。現代人在社交中的微笑是標準和程式化的，優雅得體，但互動的效果卻遠遠不如過去。

我們開始變得缺乏深度交流，朋友很多，但僅局限於點頭之交，因此我們的人際關係網再廣，也很難有實質的收益——你的通訊錄僅僅是記下一個名字和電話而已，對你來說這沒有其他的價值，因為你對他們根本不瞭解，也不清楚這些人對你意味著什麼。

因此，要啟動自己的探索欲，主動和積極地瞭解這個社會的一切。視野開闊的人這時懂得走出去，跳出眼下的狀態，從外部世界尋找新的支援。

你要學會看遠方，而不是盯著腳下；你要對一切都有興趣，而不是隨波逐流，用無所謂的態度面對變化；你要不斷拓寬自己的視野，對傳統社交網外面的人和事保持好奇心，不停地求知與探索，向遇到的每一個人謙虛求教。你也要相信，總有一些自己需要的東西就在很遠的地方，在自己尚未察覺的神祕角落，在那些還沒來得及打招呼的人手裡。有了強烈的好奇心，我們就不會錯過那些寶貴的資訊和值得珍惜的朋友。

十一、分別滿足法則：努力在社交中實現分別滿足，而不是等價滿足

未來，我們應該採取的社交策略是及時瞭解身邊不同人的需要，對他們進行分別滿足，提供令他們各自滿意的方案，做到讓朋友舒心，讓客戶對你產生依賴感，而不是跟

每個人都進行等價交換。

「等價滿足」是我們在社交中最忌諱的做法，因為「等價」的本質是功利的，完全看對方的價值決定是否跟他交往。等價滿足的邏輯是這樣的：我為你貢獻了二十元，你就不能只回報我十九元；你想換取點什麼，就得拿價值相等的東西來交換，然後我們才能互相滿足。

假如我們始終秉持這樣的社交策略，不要說建設好自己的弱關係，就連自己的強關係也難以長時間地維繫下去。因此，你必須信奉和堅持分別滿足的社交策略，要意識到人們的需求是多方面的，每個人對於朋友的要求都不一樣。有人需要金錢的幫助，有人需要指點迷津，有人需要市場機會，有人則需要一個薪資水準不錯的工作職位……我們要深切地理解每一個人對朋友的要求，並且努力地給予相應的滿足。在這個過程中，不要強求對方給予相同的回報。

十二、**訊息法則**：弱關係社交中最重要的是資訊，而不是溝通的技巧

在高品質的社交互動中，發揮關鍵的推動作用的總是資訊而不是溝通技巧。有效的資訊會產生好的人際關係，而技巧永遠是為內容服務的。如果你無法提供別人感興趣的資訊，你就是再巧舌如簧，也打動不了對方。

我們發現，現實中的許多人都過於注重技巧，忽視了社交聯絡的本質是資訊。我們

在生活和工作中也都有這種感覺，你做生意認識了很多陌生人，也許每個工作日就能收到十幾張名片，加上幾十個微信好友，但在過去半年後仍然能夠讓你記住的人，都不是那些口才最好的，而是在交談時給你留下最深印象的——他們言之有物，能讓你學到東西，瞭解到不同的觀點和資訊。也就是說，高品質的朋友是最有「料」的。因為在一種穩固的關係中，總是需要雙方進行資訊的互動，彼此提供有用的資訊。

十三、定位法則：在社交價值鏈中，理性地找到自己的坐標

在強關係和弱關係共同構成的「複合社交鏈」中，每個人都有一個獨特的位置，也就是坐標。坐標是由多種元素綜合決定的，不完全取決於他自身的價值。有人高一點，有人低一點，就像生物世界的食物鏈一樣正常。每個人都會有一個起點坐標，也許你在這個價值鏈中居於很高的位置，也許僅能屈身角落，這都沒有關係，重要的是，你要從一開始便對自己有清醒的定位。因為人有了自知之明，方能發現正確的前進路線。

我們要對自己的綜合能力進行一次重新檢查，包括職業、理想、背景、性格、環境等，打出一個總分，然後再審視自己既定的方針，看看這些不同的元素是否共融，找出阻礙自己開展計畫的問題、矛盾。

這時，你就為自己找到了一個初始坐標——居於什麼位置，有哪些可用的人際關係連結。有了坐標，你就能找到自己需要的資訊，知道應該向什麼人請教，如何增加朋友

的數量，或者採取什麼方法、去什麼地方拓展弱關係。

十四、優勢法則：發現自己最擅長的事情，並且強化這種優勢

發現優勢，強化優勢，就是擴大我們對於別人「有用」的地方。「有用」既表現在解決某些單一的問題，也表現在某些長期的工作。在這些領域內，我們可以做到別人（多數人）不能做到的事，這就是你的獨特優勢。有了獨一無二的技能，人們對你的需求就有了保證，自然紛紛聚攏過來，和你交朋友，或進行價值的交換。

什麼是我們最擅長的事情呢？不要憑直覺和本能確定，要將自己具有的本領一一地對比分析：我會哪些事情，擁有哪些專業能力？分別給它們打分，從中確定一個自己最擅長的技能，或者說能力，然後持之以恆、樂此不疲地去把它做好。你也不必做得非常出色，只要在很長一段時間內，能夠在這一方面保持比其他人聰明一點就夠了。只要擁有了一個最擅長的技能，就能在該領域內得到人們的讚賞，贏得人們最大程度的關注。

最後，不管你擅長多少事情，都要擁有一個最重要的技能。博學的人不一定受人歡迎，這是因為他雖然懂得很多，可沒有一件最擅長的事；或者說，他的拿手技能，人們根本不需要。故而，熱衷於追求自己最擅長的事情並不能讓你自動獲得競爭優勢，因為這無法保證會有人願意幫你做成這件事，實現結交人際關係的意圖。

你必須為自己培養一種最重要的、受人歡迎的技能，也就是我們的「核心能力」。

畢竟，當有其他人和你做了同樣的事情時，你要拿出更好的表現來勝過對方，而不是屈居人後。

不管是商業、工作還是生活、情感中的競爭，使自己獨具一項核心能力都是不可缺少的，它代表我們在別人的心中所獲得的真正評價。發現這種能力，然後還要盡最大的可能強化它，使這種優勢越來越大，方能受人關注，成為社交舞臺上的閃亮人物。

十五、金錢定律：不要用錢買路，要讓金錢在社交中居於最不重要的地位

在任何一個社會，金錢都能買來各式各樣的服務。但是，再多的錢也買不來別人對你的「尊重」與「愛」。記住這一法則：不要試圖用錢去購買關係，為自己鋪路，因為錢是一把雙刃劍。它也許能帶來一定的關係，但也會基於金錢的特殊性質，使來者的焦點都放在金錢上，而不是你的身上。所以，如果你希望僅憑自己的財力就建設好人際關係，獲得高品質的關係，結果一定會讓你大失所望。

當然，事事不能走極端。我們也不能完全摒棄金錢，因為金錢的確是社交的基礎，沒有錢可能寸步難行；很難想像一個連請客吃頓飯的錢都沒有的人，會有多麼出色的弱關係。但金錢並不是社交的全部，而且也不是社交的「上層建築」。

如果在社交中過於重視金錢工具，唯一確定的是你身邊的人均是為利而來：他們有利則聚，無利則散。有錢時，你賓朋滿座；無錢時，你孑然一身。

總體而言，錢對於生活很重要，包括交友。但賺錢和花錢都只是人生的過程而已，你是否從中得到了人們的尊重和關注，要看你如何付出金錢，怎樣尊重別人。

在社交的過程中，越是表現出蔑視金錢的態度，越容易獲得人們的關注與尊重；越是看重金錢，就越容易受到人們的輕視。自古以來都是如此。

十六、分享法則：交流、分享和聆聽是擴大弱連結的最有效方式

我們要多參加一些線下的聚會，邀請那些從未謀面的人當面交流，加深瞭解，互通有無。在社交聚會上，重要的不是酒和蛋糕，而是社交的過程——你是否與人做到深度的交流、分享和聆聽？是否從平等的溝通中有所受益？

不要局限於線上的交流，為了積極地拓展實用的弱關係，我們要跟不同行業、不同經歷的人分享自己的想法，從他們那裡獲得回饋。我們要誠懇地當面與別人交換看法，聆聽他們對你的想法的具體意見——不管是正面的肯定還是反面的批評。成為一個願意分享的人，從交流和分享中得到別人的真實看法，你會得到一些在熟人關係網中截然不同的東西，你會從人們那裡得到一面鏡子，從裡面看到一些原本沒有顯現出來的問題，這正是社交的目的。

你要想為自己的人生尋找到與眾不同的突破，就要勇於聽取他人的建議，學會和他人交流。包括陌生人、讓你討厭的人、被你輕視的人，每個人都是一個特殊的資訊來

源，那裡埋藏著我們意想不到的東西。所以不要小瞧他們，要開放性地溝通，平等地與之分享資訊，從他們身上收集任何有利於我們的東西。

在這種廣泛的交流中，只要你的資訊通道沒有關閉，無窮無盡的弱關係就能幫你孵化自己的美妙想法。最關鍵的是，我們要善於從別人的經驗和案例中捕捉問題的核心，看到並抓住那些最重要的資訊，在不斷的求證中突破自己的瓶頸，提升自己的能力。

十七、無私法則：要努力讓自己的付出多於回報，成為一個無私的人

你能為別人沒有保留地提供價值，對方才會願意聯絡你並建立長期的關係。因此，無私的人最受歡迎，請在互動中多多地考慮別人，而不是你自己。那些總在計算回報的人，他最終的回報一定是零；那些更多地在考慮付出而不是索取的人，他才會得到盆滿缽滿的收穫。

無私意味著情感的全身心投入——在社交中不要保留自己的好感。

人們在這個世界上最在乎的是情感，對關係影響最深遠的也是情感。你不要以為和一個人的聯絡是有限的，也是短暫的，就可以只談利益不談友情。友情不僅是一種投資手段，而且是一種具備情感黏著性的吸引策略，一旦有了情感的連結，它會越黏越緊，將弱關係轉化為強關係。因此，不管別人如何對你，你都要把他當作我們的好朋友，而且是永遠的朋友。這種情感上的無私，最終會讓對方改變看法，被你吸引過來。

無私意味著慷慨大方——打動一個人的關鍵是慷慨和大方的付出。

在社交領域通行的原則不是想盡一切辦法貪圖便宜，而是用慷慨大方的態度幫助別人。小氣鬼永遠成不了社交場上的閃光人物，只有真誠地幫助人們，坦然接受付出多於回報的結果，才能在最後真正地實現「回報多於付出」。因為人們都願意和無私的人做朋友，而遠離那些自私自利的人。

十八、規劃法則：為自己的弱關係目標設定合理的規劃，制訂一份長遠的計畫

人人都想「朋友遍天下」，但實現這樣的目標是有過程的，它不可能一蹴而就。我們要理性地對待社交，在規劃中應當包括以下三個部分：

1.你最近五年內的長期目標和最近三個月的短期目標。

2.在計畫上列出可以幫你實現每一個目標的人，或者應該尋求的人際關係方向。

3.怎樣與第二點中所列出的人進行實質性的連絡，對此要有明確的計畫。

一旦我們設立了目標和相應的步驟，就應把它們貼在自己經常看到的地方，而不是鎖進抽屜和拋諸腦後。這意味著我們要行動起來，用合理的計畫去培養人際關係，在需要之前就去拓展弱關係，著手建立與不同領域的人際關係連結的管道。

規劃法則的核心是我們必須未雨綢繆，要在自己用到別人之前，就儘早地和他們建立、保持良好的溝通與聯繫，實現連結。在這個過程中，我們要把人們當作自己的好朋

友，對他們以誠相待。最忌諱的是視弱關係為利益至上的關係。如果你總是與別人因利而交，最後也會因利失去。

十九、勇氣法則：不要害怕被拒絕，要大膽無畏地與人們進行連結

勇氣是無論何時都不能丟掉的優秀品質，它具有非常神奇的魔力。沒有勇氣，我們可能什麼都做不成。比如才華和能力相等的兩個人為何一個成功了，另一個卻失敗了？因為成功者勇敢地向別人推薦自己，他建立了很好的人際關係，懂得利用弱關係；失敗者卻缺乏走出去的勇氣，羞於向外界展示自己，所以默默無聞。

用索取的方式展示勇氣——你要樂於向別人求助。

在遇到問題時，我們要樂於、敢於且及時地向朋友尋求幫助，索取一些友情範圍內的東西。可能這正是他想看到的。你應當像自己樂於幫助別人一樣，大膽地向他人索取。當然，你要做好別人說「不」的最壞打算。如果你在任何事情上都不需要別人，我敢肯定，你的好朋友也是非常少的。

朋友的本質是互相幫助，不存在只有一方幫助另一方的友情。如果你從不請求別人的幫助，朋友也會疏遠你，因為這可能會讓人們覺得你不需要他們。

「厚臉皮」才會有所收穫——別怕被拒絕，拒絕不會傷害人，不敢開口才是對自己的傷害。

這個世界有很多臉皮薄的人，他們自尊心強，也有能力，但生活卻很平庸，總是錯失良機。當他們抱怨社會時，並不明白原因就是出在他們的「薄臉皮」上。如果你害怕被拒絕，你將很難被承認。不管是和陌生人說話，或者是向朋友提出請求，向其他任何人介紹自己時，都要厚起臉皮，別怕被人們拒絕。

這當然可能失敗，讓你陷入一種窘迫的境地，但要想有收穫，就必須承受這樣的風險。為了不錯過可能的機會，就不要放過任何可以展示自己的機會。

二十、尊重和坦誠法則：尊重帶來好感，坦誠勝過一切

我們要尊重每一個人，不分高低貴賤。要尊重對方的人格，而非身分、地位和財富。尊重應該是發自內心的、非功利的要求，並且坦誠、透明地面對雙方的交往。要向他人敞開心懷，沒有保留地交流和溝通，不要隱藏關鍵的資訊，這是一種有益並極受歡迎的態度。

有效的關係總是來自於真心的結交，而不是出於功利目的的打造。尤其對弱關係來說，由於對方和我們的生活沒有多少交集，所以對方並不會過於看重利益，反而對人的品質要求很高。他們站在很遠的距離上，首先審視並在意的，正是你的誠意。這時，尊重和坦誠比利益的誘惑更有作用。

要時刻記住，我們不是在打造自己的人際關係網路，而是在真心地結交朋友；我們

不是要讓關係為己所用，而是要使自己在世界上不再孤獨。始終懷著這樣的心態，你就會尊重任何一個人。能夠從中得到的廣泛收穫，會是一個自然而然可以使雙方心靈愉悅的結果，而不是只完成了我們精心構造的功利計畫。

二十一、不求甚解法則：不要試圖完全瞭解我們的社交對象

在傳統的社交理念中，專家建議人們要深度地瞭解和你交往的這個人，深入對方的內心、生活和工作。但對弱關係來說，不求甚解才是一條最佳的策略。對強關係，我們當然要做到足夠瞭解自己正在交往和開始結交的人。強關係是熟人關係網，互相知根知底是必要的；但弱關係並不存在這樣的需求，我們要結合雙方的需要，體貼、專業並聰明地與之對話，而不是對對方達到全面瞭解。

這就要求我們在未來的社交中，找到與聯絡人豐富且深度的共同點，在某一特定領域知道他是一個什麼樣的人就可以，然後對症下藥、量體裁衣。比如為了拿下一個訂單，你只需清楚地知道一個人平時的購買傾向，並無必要將他的愛好列成一個詳細清單。這是弱關係的主要特點之一，我們沒有時間對一個人做詳細的背景調查，只需瞭解他有哪些與自己相關的獨特興趣即可。

二十二、權威法則：認識你的專業領域內的權威，並想辦法與他建立弱連結

為了實現我們的目標，你要知道在你所從事的領域中誰最優秀，並列出當前這個領

域的權威人物，然後透過可能的方式與之建立連結，比如在社交帳號（微博、微信等）中互相關注，這就成功地建成了一個交流的通道。

對自己已認識的人進行分類——列出我們的關係庫中已經認識的人，看看有沒有權威人物。

對於我們已經認識的人進行整理分類，不管是強關係還是弱關係，是熟人還是偶爾聯絡一次的人，把他們清晰地羅列出來，注明他們的身分、年齡和與你的親密度。例如：親戚、大學同學、過去的同學、之前的老師、之前的同事等，從中發現那些某一領域的權威人物、前輩或專家。

建議一個你渴望結識的名單——把那些你希望認識的權威人物寫下來。

要有強烈的渴望去結識更多權威人物。現在，把你最渴望認識的人單獨列出來，寫下他們的名字，在未來的社交中重點對待。他們應該是一些高水準的人，或在某一行業中有獨特的見解、資源等，你希望在未來的某一天能夠認識他們。對這些目標對象，你要確定他們不同的重要性，制訂有效的計畫，然後專心地投入。

二十三、**陌生人定律**：要把大部分的精力用於聯絡那些「完全陌生」的人

在工作中，要注意去聯絡那些「完全陌生」的人，而不是盯著熟人作文章。比如，假如你是一名銷售或公關人員，不要試圖從熟人關係網中獲得你的業績，而要開拓新的

關係網。不要懼怕給陌生人打電話，你只管硬著頭皮開始，並投入大部分的精力。

去認識一個完全陌生的人，既是挑戰，也是機遇。你要想著自己一定會成功，不會失敗。你要堅定一個信念：堅持聯絡下去，就是勝利。有時候，我們的聯絡會遭到拒絕或者乾脆沒有回音，這時不要氣餒，繼續和他們聯絡，用誠意和耐心打動對方。你要在這個過程中占據主動，甚至表現出一種真誠的侵略性，使所有人都感受到你的可信。

二十四、活躍法則：在社交網的內外兩個世界中，都努力提高自己的可見度和活躍度

與強關係不同，我們必須在初次結識的朋友和弱關係網絡中，保持一種可見度與活躍度，並把與他們的接觸排滿你的日程和計畫表。核心策略是永遠不要讓自己長時間地消失在一個人的視野中。現在是快節奏的互聯網社會，如果你一段時間沒有曝光，別人很快就會忘掉你，甚至刪掉你的帳號。

即使沒有什麼可聯絡的，也不要消失。哪怕你沒有什麼可說、可做的，也要保持一定的活躍度，使人們看到你的存在。要知道，「消失」比「沒有吸引力」還要糟糕；當有機會出現時，則果斷地展示自己。必要時，你可以主動地邀請那些你想見的人線下見面。不過，要把弱關係加深為強關係時，我們要有一個合適的理由，你必須做到讓對方深度信任你，至少在和你的相處中，他倍感愉快。

二十五、跟進法則：對已經結識的關係，如果你不跟進，則毫無意義

我們與要交往的人見面之後，想讓別人記住你，並且在未來的聯絡中加強彼此的關係，使雙方都有所收益，及時地跟進是關鍵。我的建議是，如果你與一個人建立了連結，或者線下見了一面，這時你需要立刻跟進，不要試圖過幾天再進行重要的溝通，要馬上開始！

原則是，我們在見面後的十二到二十四小時內，就應當第二次聯絡，繼續跟進雙方涉及的話題，打鐵趁熱地形成實質性的合作。這時，郵件和電話問候都是一種比較有效的方式，要主動聯絡對方。最後，在雙方有所合作後（對方幫你介紹了一份工作或某項業務），不要忘記再次跟進。在一週左右的某個時間點，你應當再次聯絡他，表示感謝的同時繼續和他保持密切的聯絡。只有這樣，我們才能成功地將對方拉進自己的社交網，形成一種穩定的連結。

二十六、領域法則：要分配自己的時間，去結識不同領域的人

我們有沒有認識數以千計的人並不重要，有沒有認識數以千計地分布在不同領域的人，才是能否成功的關鍵。也就是說，一定要擴大關係的覆蓋面，使我們的社交關係遍布不同的行業、年齡層、地區等，充分增加資訊的來源。

這有助於我們從不同的角度瞭解世界，也增加了我們人際關係的品質。在你需要幫

助時，不管遇到了什麼問題，都能有人可求，有相關的資訊源可以諮詢。

二十七、動機法則：要在交往中迅速發現他人的動機，做到先知先覺

在初次與對方交流時，我們就要找到對方的動機，也就是需求：「對方想做什麼」或「希望從我這裡獲得什麼」。人們的動機一般都基於三種：賺錢、愛情和改變世界。這三種動機都會表現在社交行為中，你會從每個人的身上看到這三種欲望，區別只是在於「他們現在想要什麼」。

所以，讓自己先知先覺，率先洞察對方的內心，然後投其所好，幫助人們實現他們心靈深處的渴望，主動去協助別人解決他們的關鍵問題。對有需求的人雪中送炭，可以讓你們的關係變得更加緊密。在社交中，如果你能成為一個擅長「江湖救急」的好人，第一時間察覺對方的需要並主動給予幫助，並且有能力替朋友擺平那些棘手的麻煩，你的關係網將飛速地擴大，不論強關係和弱關係，都將為結識你而感到榮幸。

二十八、傳播法則：做一個可以為他人傳播知識、帶來優質資訊的人

人們最佩服的就是有見解的人。從現在起，你要做一個有內涵和有見解的人，並給他人帶來幫助，成為一個知識和資訊的中轉站。你要在某些領域內具有獨特的專業性，展示自己與眾不同的優秀觀點，以及卓越的解決實際問題的應用能力，這能讓你具有征服他人的獨特魅力。

1.在財富和人際關係都還不多時，就去傳播知識。

對沒有金錢和關係的人來說，想透過社交獲利也是可行的，但這就需要你透過自己的知識去獲取。沒有錢不可怕，沒有人際關係也不是世界末日，你至少還可以做一個在有限的人際網路中傳播有用知識的人。

在知識領域內，你必須毫無保留並不斷分享自己擁有的知識，這能讓你變得與眾不同。和那些有強大財富及人際關係的人相比，你要堅決而持久地透過知識的傳播、分享打敗他們。從你這裡接收知識的人越多，你相對於他們的優勢也就越大。

2.在知識不夠豐富時，就成為資訊的中轉站。

當自己的知識能力不足時，就學會把別人的內容分享和轉發出去，成為一個高效率的資訊中轉站。弱關係是一張開放的大網，能成為這張網的資訊樞紐也是一種非常好的選擇，這能將別人的資訊變為你自己的內容，然後傳遞給其他有需要的人。在這個過程中，透過學習提升能力，然後去應用，最後實現超越。

3.在傳播資訊時，要懂得如何加入、提供我們自己的內容。

在大部分的時間內，我們得動腦筋學會提供富有自我特色的資訊，讓人們對自己印象深刻。你需要瞭解各種不同的資訊，然後用一種與眾不同的方法把它們串起來，變成自己的內容。你要成為一名優秀的、可勝任的資訊創造者，從而被更多的人需要。

4.在連結到弱關係網絡中時，要學會推廣自己的形象，塑造自己獨特的魅力。

每個人在社交中都有他獨特的形象標籤，並且只有我們才能真心地推廣自己，其他的人都不會。你的成功不但取決於其他人是否認可你的工作，還有賴於你對自己進行推廣的效果，取決於你展示給人們的形象。

二十九、參與法則：在參加各種社交俱樂部時，要爭取使自己擁有主導力

現在，除了互聯網平臺外，線下各種各樣的協會、社交俱樂部是人際關係的聚合場所，也是高品質弱關係的發生地。如果想獲得與那些有影響的人物面對面的機會，我們得先成為一個相關組織的參與者，取得與他們近距離交流的資格。

在類似形式的社交俱樂部中，不要當那個少言寡語或默默無聞的人，要抓住一切有利時機，爭取活動、聚會、交談中的主導權，成為這些社交活動的推動者，這樣你才能吸引到最大範圍的關注。

擁有自己的俱樂部是一個好辦法。假如有條件的話，為什麼不自己成立一個以弱關係為目標的社交平臺呢？你可以設立一個組織，邀請那些你想見的人來加入，如果順利，就能獲得更多的溝通機會。

三十、真實法則：讓自己真實而踏實地對待每一天，是我們能夠受人歡迎的基礎

最後，請保護我們內在的真實性，這才是你唯一可以依賴的力量。不要因為虛榮、

功利、誘惑等種種外在因素而使自己失去真實。要成為一個與眾不同的人，就要遵守真實法則，讓自己腳踏實地對待每一天，讓自己無論面對何種變故、處於何種環境，都可以真實示人，對別人展示一個踏踏實實的自我。這樣的你，才是最有魅力的，才能贏得人們的尊重與認可。

我們要塑造一個特別的自我——人們眼中留下的好印象都是互相給予的。毫無疑問，我們要想被別人看作一個比較特別的人，就要讓對方覺得，他在你的眼裡也是很特別的。為了互相留下這樣的好印象，就要和虛偽、矯情、造作、勢利等一切負面詞語保持距離，要鼓起勇氣與浮躁的環境對抗，使自己擁有強大的內心力量。

國家圖書館出版品預行編目資料

弱連結：99% 的成功機會都來自路人／高永 著
– 初版 . -- 臺北市：三采文化，2018.9
面： 公分 . --

ISBN：978-957-658-041-3（平裝）

1. 人際關係 2. 職場工作術 3. 成功法 4. 趨勢

494.35 107012369

◎封面圖片提供：
Sylverarts Vectors / Shutterstock.com

suncolor 三采文化集團

Trend 51

弱連結：

99% 的成功機會都來自路人

作者｜高 永
責任編輯｜戴傳欣 版權負責｜孔奕涵
美術主編｜藍秀婷 封面設計｜池婉珊 美術編輯｜池婉珊 內頁排版｜陳佩君
校對｜黃薇霓

發行人｜張輝明 總編輯｜曾雅青 發行所｜三采文化股份有限公司
地址｜台北市內湖區瑞光路 513 巷 33 號 8 樓
傳訊｜TEL:8797-1234 FAX:8797-1688 網址｜www.suncolor.com.tw
郵政劃撥｜帳號：14319060 戶名：三采文化股份有限公司
本版發行｜2018 年 9 月 7 日 定價｜NT$340